Die Löwen-Liga: Der Weg in die Selbstständigkeit

Paul Misar
Peter Buchenau
Zach Davis

Die Löwen-Liga: Der Weg in die Selbstständigkeit

Paul Misar
BEST of BEST Akademie
Frankfurt
München

Zach Davis
Peoplebuilding Inst. f. nachhaltige Effektivität
Geretsried
Deutschland

Peter Buchenau
The Right Way GmbH
Waldbrunn
Deutschland

ISBN 978-3-658-05419-9   ISBN 978-3-658-05420-5 (eBook)
DOI 10.1007/978-3-658-05420-5

Die Deutsche Nationalbibliothek verzeichnet diese Publikation in der Deutschen Nationalbibliografie; detaillierte bibliografische Daten sind im Internet über http://dnb.d-nb.de abrufbar.

Springer Gabler
© Springer Fachmedien Wiesbaden 2015
Das Werk einschließlich aller seiner Teile ist urheberrechtlich geschützt. Jede Verwertung, die nicht ausdrücklich vom Urheberrechtsgesetz zugelassen ist, bedarf der vorherigen Zustimmung des Verlags. Das gilt insbesondere für Vervielfältigungen, Bearbeitungen, Übersetzungen, Mikroverfilmungen und die Einspeicherung und Verarbeitung in elektronischen Systemen.
Die Wiedergabe von Gebrauchsnamen, Handelsnamen, Warenbezeichnungen usw. in diesem Werk berechtigt auch ohne besondere Kennzeichnung nicht zu der Annahme, dass solche Namen im Sinne der Warenzeichen- und Markenschutz-Gesetzgebung als frei zu betrachten wären und daher von jedermann benutzt werden dürften.
Der Verlag, die Autoren und die Herausgeber gehen davon aus, dass die Angaben und Informationen in diesem Werk zum Zeitpunkt der Veröffentlichung vollständig und korrekt sind. Weder der Verlag noch die Autoren oder die Herausgeber übernehmen, ausdrücklich oder implizit, Gewähr für den Inhalt des Werkes, etwaige Fehler oder Äußerungen.

Gedruckt auf säurefreiem und chlorfrei gebleichtem Papier

Springer Fachmedien Wiesbaden ist Teil der Fachverlagsgruppe Springer Science+Business Media
(www.springer.com)

Geleitwort von Edgar K. Geffroy

„Die Löwenliga – tierisch leicht zur eigenen Firma" ist eine im wahrsten Sinne des Wortes „fabelhafte Story", die anhand des Lebens der beiden Löwen Kimba und Lono beschreibt, wie leicht es in der heutigen Zeit ist eine Firma zu gründen. Ich denke, es war noch nie so einfach und vielleicht auf der anderen Seite auch noch nie so schwierig.

Ich habe selbst in meinem Buch „Das Einzige, was stört, ist der digitale Kunde" beschrieben, dass sich die besten Gelegenheiten ergeben, wenn man die Grundregeln ändert. Genau das passiert heute laufend überall auf der Welt. Persönlich glaube ich, dass im Business gerade eine neue Gründerzeit angebrochen ist. Es wird nicht zuletzt aufgrund der Möglichkeiten des Internets, welches ich auch gerne Evernet nenne, so viele Firmengründungen die nächsten Jahre geben wie nie zuvor. Die Frage ist: Wie viele davon wird es nach zehn Jahren noch geben? Bitte verstehen Sie mich nicht falsch. Ich sehe die Revolution der Business-Welt als durchaus positiv. **Und ich bin überzeugt, dass die meisten spannenden Geschäftsideen überhaupt noch nicht erfunden worden sind. Wir sind gerade erst am Anfang einer neuen Wirtschaftsära.**

Und doch glaube ich, dass man als Unternehmer auch heute noch sehr viel falsch machen kann, wie auch der Autor Paul Misar aus seiner Tätigkeit als Entrepreneur und Firmensanierer weiß. Ihm kam dieser Umstand, dass sich andere Unternehmer überschätzt hatten als Investor, mehr als einmal zugute. Auch die Mitautoren Peter Buchenau und Zach Davis haben als erfolgreiche Firmentrainer gesehen, wie Unternehmer oftmals externe Hilfe anfordern mussten, nachdem sie gemerkt hatten, dass die Grundregeln, welche vielleicht die letzten 20 bis 30 Jahre im Business funktioniert hatten, heute oftmals nicht mehr funktionieren. Warum das so ist?

Noch immer gibt es viel zu viele Menschen, welche monetäre Überlegungen in den Vordergrund stellen bei der Firmengründung. Sie wollen in möglichst kurzer Zeit möglichst viel Profit erwirtschaften und nicht ihre Leidenschaft finden und ihre Lebensmission finden, wie der Löwe Kimba und wie es mein Freund Paul Misar in seinen Seminaren und Büchern immer propagiert.

Es geht leider noch immer viel zu vielen Firmengründern nicht darum, mit ihren Produkten und Dienstleistungen anderen Nutzen zu stiften oder deren Probleme zu lösen, sondern einzig und alleine darum, das schnelle Geld zu machen. Bitte – damit wir uns nicht missverstehen: Eine Firma die kein Geld verdient ist zum Sterben verurteilt. Wenn aber Geld die einzige Motivation ist, die Menschen treibt, dann ist das zu wenig. Alle großen Visionäre waren stets auch von höheren Motiven getrieben und das Geld war dann stets ein angenehmes Nebenprodukt. **Die Frage ist nur, was man wirklich will und was mich antreibt es auch umzusetzen.**

Ich hatte vor einigen Jahren Gelegenheit einen dieser ganz großen Visionäre persönlich kennen zu lernen und zwar keinen Geringeren als Steve Jobs. **Es war im Rahmen eines Projektes, für das wir ein Konzept mit dem Namen InfoCoach entwickelt haben. Wenn man so will, eine App als frühen Vorläufer der heutigen iPad Welt. Sicher waren wir um Jahre zu früh dran, aber es hatte alle, insbesondere mich fasziniert.**

Jedenfalls, auch dieser Mann war **nie** primär von monetären Überlegungen getrieben, ganz im Gegenteil. Er ließ sich jahrelang nicht einmal ein Geschäftsführergehalt bezahlen bei Apple.

Er hatte eine Lebensmission. Und er hat die Welt revolutioniert. Mehrfach.

Ich glaube, dass die Gegenüberstellung von zwei Arten von angehenden Unternehmern und zwar jene, für die nur der finanzielle Aspekt ihrer Tätigkeit im Vordergrund steht und jenen, die ihre Lebensmission gefunden haben, die sie lieben, ein wichtiger Ansatz für angehende Unternehmer und Entrepreneure ist. Mein Glückwunsch an die Autoren für dieses gelungene Buch und die spannende Fabel, welche Spaß beim Lesen macht und spielerisch die Kernbotschaften für angehende Unternehmer vermittelt im Rahmen einer netten Geschichte. Viel Freude, gute Unterhaltung, vielleicht auch das eine oder andere Schmunzeln und natürlich nützliche Erkenntnisse für Ihr Unternehmertum wünsche ich Ihnen, lieber Leser.

Nutzen Sie Ihre Chancen. Jetzt.

Ihr

Edgar K. Geffroy
Zukunftsmotivator
Business Vordenker

Vorwort von Paul Misar

Die beiden berufstätigen Löwen Lono und Kimba haben jahrelang ihr Bestes gegeben, um in der Arbeitswelt der Löwen-Liga zu bestehen. Sie haben beide viele Jahre „ihren Löwen" gestanden und waren dabei mehr oder weniger erfolgreich. Doch dann plötzlich haben beide einen Punkt in ihrem Leben erreicht, wo ihnen das nicht mehr ausreichend schien. Es tauchten plötzlich Fragen auf, wie „Kann es das schon gewesen sein?" oder „Geht da nicht noch mehr?". Beide sind auf der Sinnsuche und wollen sich selbstständig machen. Beide besuchen Seminare. Während Lono permanent an der Verbesserung von Techniken und Tools arbeitet und sich von Chaka-Chaka-Seminaren der alten Schule motivieren lässt, ist Kimba auf der Suche nach seiner Lebensmission und versucht, seine Talente und Fähigkeiten optimal in ein neues Geschäft einzubringen, wo er der Problemlöser für viele Menschen ist.

Während bei Lono das Thema „Geld verdienen und zwar möglichst viel in kurzer Zeit" an vorderster Stelle steht, sucht Kimba seine Lebensmission im Einklang mit seinen Fähigkeiten und Talenten und richtet sein neues Geschäftsmodell nicht an kurzfristigen Marktentwicklungen aus. Kimba überlegt permanent, wie er Menschen langfristig Nutzen geben und mit seiner Firma helfen kann. Er findet dabei seinen USP im Einklang mit seiner Authentizität und seinen persönlichen Möglichkeiten und macht vieles anders als seine indirekten Mitbewerber (direkte hat er nicht, weil er ein neues Marksegment findet) während Lono auf der Massenwelle schwimmt und nur bestehende Geschäftskonzepte kopiert. Dabei trifft er kaum Entscheidungen und zeigt auch sonst immer wieder Führungsschwäche.

Wir haben versucht mit einer Portion Humor und etwas Wortwitz charmant an das Thema heranzugehen welches wir nur aus eigener Berufserfahrung mehr als gut kennen. Mein Wunsch als Sanierer und Investor war es immer, Firmen und Unternehmungen zu Marktleadern zu machen und das gelang mir immer dann am besten wenn es Personen in der Firma gab deren Lebensmission von Herzblut getragen war und diese Leidenschaft in die Firma eingebracht wurde.

Paul Misar

Vorwort von Peter Buchenau und Zach Davis

„Die Löwen-Liga: Der Wege in die Selbstständigkeit" und somit „raus aus dem Hamsterrad" steht wie schon das Originalbuch „Die Löwen-Liga: Tierisch leicht zu mehr Produktivität und weniger Stress" von Zach Davis und Peter Buchenau für eine Welt, die sich permanent verändert und deren Anforderungen fast täglich steigen. Ähnlich der Champions League beim Fußball ist dieses Buch für die Königsklasse geschrieben, also für jene Menschen, die sich nicht mit dem Alltäglichen zufrieden geben, sondern mehr wollen vom Leben. Es ist vor allem für jene geschrieben worden, die sich nicht damit begnügen wollen, ihre wertvolle Lebenszeit als Arbeiter oder Angestellter zu verbringen und dieses Leben gegen Geld zu tauschen. Es ist ein Buch von Menschen für Menschen, denen es wichtig ist, etwas zu bewegen. Es ist ein Buch für Menschen, die nicht bereit sind, sich einfach nur mit einem „Job" zu begnügen – für einen „Job", der nicht Leidenschaft in ihnen weckt. Dieses Buch ist für Menschen geschrieben, denen es wichtig ist, nicht nur von einem Wochenende zum nächsten zu leben, sondern die in ihrem eigenen Leben etwas verändern und im Leben anderer Menschen etwas bewirken wollen.

Dieses Buch ist für ehrgeizige Menschen mit Träumen, Visionen und Zielen. Es wurde geschrieben, um speziell selbstkritischen Personen zu helfen, welche eines Tages feststellen: „Das kann doch noch nicht alles gewesen sein." Es wurde geschrieben für Menschen, die sich nicht mit einem mittelmäßigen Job, beispielsweise im mittleren Management in einer mittelmäßigen Firma, begnügen, um dort ein Leben lang im Hamsterrad zu laufen. Selbst dann, wenn dieses von innen wie eine Karriereleiter aussieht. Es wurde für all jene geschrieben, die den Mut haben, sich auf die Suche nach ihrer Lebensmission zu machen, um schlussendlich ihre Träume zu leben. Es ist ein Buch für Menschen, die sich nicht aus Feigheit zurückhalten lassen, die Komfortzone des Angestelltendaseins zu verlassen, um sich von einem irrtümlich als sicher wahrgenommenen Job fesseln zu lassen, sondern trotz Bedenken und auch mancher Ängste den Weg in die Selbstständigkeit wagen.

Verehrte Leserin, verehrter Leser, dieses Buch handelt wie das Originalbuch der Löwen-Liga von zwei Löwen, die seit Jahren in der Löwen-Liga leben. Sie haben beide ähnliche Voraussetzungen: Intelligenz und eine gute Ausbildung. Sie entwickeln sich in vielen Punkten parallel, aber an manchen entscheidenden Stellen haben sie unterschiedliche Sichtweisen und treffen unterschiedliche Entscheidungen. Daher erzielen sie auch unterschiedliche Resultate.

Dieses Buch baut zwar auf dem Erstbuch auf, ist aber keine Fortsetzung im Sinne einer an allen Stellen konsistenten Handlung. Dieses Buch behandelt eine ganz neue Geschichte, wie Individuen, in diesem Fall Löwen in der Löwen-Liga, sich unter gleichen Voraussetzungen unterschiedlich entwickeln können. In diesem Fall: „Raus aus dem Hamsterrad und hinein in die Selbstständigkeit". Dennoch, dieses Buch ist stark angelehnt an das Original, wieder spielen Kimba und Lono die Hauptrollen, wiederum unterhaltsam verpackt, wieder mit Karikaturen veranschaulicht, aber dieses Mal mit einem neuen Zeichner, um auch hier nochmal zu verdeutlichen, dass dieses Buch eine neue, eigene Löwengeschichte darstellt.

Einen großen Dank gilt es in diesem Buch an Paul Misar auszusprechen. Paul ist der maßgebliche Autor des Buches. Er hat viele dieser kleinen Unterschiede selbst er- und durchlebt. Paul verließ rechtzeitig das Hamsterrad und startete erfolgreich seinen Weg in die Selbstständigkeit. Heute hat er seinen Weg und seine Vision erfolgreich umgesetzt. Paul ist heute mehrfacher Millionär. Krönender Zwischenstopp bis heute, sein Engagement und seine Nominierung im Jahr 2014 in der RTL-Fernsehserie „Secret Millionär".

Liebe Leserinnen, liebe Leser, tun Sie es Paul nach, haben Sie Spaß, Vertrauen in sich selbst und verlassen Sie das Hamsterrad. Wenn Paul es geschafft hat, können Sie es auch. Ein weiterer Dank auch an Edgar Geffroy für das nachfolgende Vorwort in diesem Buch. Auch Edgar „hat es geschafft" und zählt heute zu den gefragtesten Coaches und Trainern in Europa. Profitieren Sie vom Wissen aller Mitwirkenden und vor allem von den Erfahrungen der beiden Löwen Kimba und Lono.

Peter Buchenau
Zach Davis

Inhalt

Geleitwort von Edgar K. Geffroy V

Vorwort von Paul Misar IX

Vorwort von Peter Buchenau und Zach Davis XI

Die Autoren XVII

1 War das schon alles? Midlife-Crisis für angestellte Löwen 1

2 Ich bin im Hamsterrad – auch wenn es von innen aussieht wie eine Karriereleiter 7

3 Mein Stundensatz muss steigen! Versus: Ich tausche nicht mehr Zeit gegen Geld! 13

4 Handeln trotz Angst! Versus: Die Angst überwinden! 21

5 Kann ich meine Lebensmission finden? 29

6 Wie werde ich reich? Versus: Der Weg zum Expertenlöwen! 35

7	Wo verdiene ich besonders gut? Versus: Was kann ich besonders gut?	45
8	Wie bitte geht's zum Erfolg?	51
9	Was liegt im Trend? Versus: Was ist mein USP?	59
10	Den Branchenführer beobachten! Versus: Analysiere deine Mitbewerber!	65
11	Wo will ich in drei Jahren stehen – und wie komme ich dort hin?	71
12	Alles erst einmal ausprobieren! Versus: Prioritäten setzen!	79
13	Das hatte ich befürchtet! Versus: Jetzt erst recht!	87
14	Verwandte und Freunde kann man sich nicht aussuchen! Versus: Wähle deine Peergroup!	93
15	Die wichtigsten Regeln für Selfmademillionäre	99
16	Hart arbeiten! Versus: Smart arbeiten!	105
17	Der Kampf ums Geld! Versus: Die Geldmaschine!	111
18	Zwei Wege zum Happy End	117

Die Autoren

Paul Misar hat über 25 Unternehmen, an denen er selbst beteiligt war, und unzählige Unternehmen, die er beraten hat, zur Marktführerschaft geführt – meistens über die Tools Positionierung, Mitarbeitermotivation und Leadership. Er ist Entrepreneur aus Leidenschaft.

Seine eigenen Erfahrungen als Unternehmer gibt er heute durch seine Bücher, Trainings und Vorträge weiter. Als Positionierungsexperte, Erfolgscoach und Motivator der neuen Generation ist seine These, dass Menschen wenn sie die richtige(n) Lebensaufgabe(n) im Einklang mit ihren Lebensmotiven gefunden haben, nicht mehr permanent von außen also extrinsisch motiviert werden müssen. Bei seinen Coachings konzentriert er sich daher sehr intensiv mit den Coachees darauf, die eigenen Lebensmotive zu ergründen und dann im Einklang damit die eigenen Ziele im Leben zu definieren und zu verfolgen.

Zu seinen zufriedenen Coaching-Kunden gehören Firmeninhaber und Vorstände von DAX-Unternehmen, aber auch erfolgreiche Film- und TV-Stars, Spitzensportler und eine Vielzahl von Führungskräften aus unterschiedlichen Branchen.

Er ist Gründer der Best of Best-Akademie mit Standorten in München, Mallorca, Frankfurt und Wien sowie mehrfacher Erfolgsbuchautor und einer der aktuell meist gebuchten Keynotespeaker des deutschen Sprachraums. Er erhielt für sein Schaffen eine Vielzahl von Auszeichnungen, zuletzt von „Wissen und Karriere" den Preis „Speaker of the year 2013". Seit 2013 ist er auch regelmäßig in div. TV-Formaten bei SAT1, VOX, ORF und RTL zu sehen und sorgt dabei regelmäßig für extrem gute Quoten in den besten Sendezeiten (letzter Erfolg in 2014 „Secret Millionaire - RTL"

Peter Buchenau gilt als der Chefsache Ratgeber im deutschsprachigen Raum. Der mehrfach ausgezeichnete Führungsquerdenker ist ein Mann von der Praxis für die Praxis, gibt Tipps vom Profi für Profis. Auf der einen Seite Vollblutunternehmer und Geschäftsführer der eibe AG, einem der Marktführer für Spielplätze und Kindergarteneinrichtungen, auf der anderen Seite Redner, Autor, Kabarettist und Dozent an Hochschulen. Seinen Karriereweg startete er als Führungskraft bei internationalen Konzernen im In- und Ausland, bis er schließlich 2002 sein eigenes Beratungsunternehmen gründete. Sein breites und internationales Erfahrungsspektrum macht ihn zum gefragten Interim Executive, Experten und Redner. In seinen Vorträgen verblüfft er die Teilnehmer mit seinen einfachen und schnell nachvollziehbaren Praxisbeispielen. Er versteht es wie kaum ein anderer, ernste und kritische Führungsthemen, so unterhaltsam und kabarettistisch zu präsentieren, dass die emotionalen Highlights und Pointen zum Erlebnis werden. Weitere Informationen unter www.peterbuchenau.de

Die Veröffentlichungen:
1. Buch „Der Anti-Stress-Trainer – 10 humorvolle Soforttipps für mehr Gelassenheit"
2. Buch „Die Performer-Methode – Gesunde Leistungssteigerung durch ganzheitliche Führung"
3. Buch „Burnout 6.0– Von Betroffenen lernen"

4. Buch „Die Löwenliga"
5. Buch „Chefsache Gesundheit"
6. Buch „Chefsache Prävention"
7. Buch „Chefsache Betriebskita"
8. Buch „Chefsache Prävention II"

Ihr Kontakt:
The Right Way GmbH, Geschäftsführer Peter Buchenau, Röntgenstraße 20, 97295 Waldbrunn, Tel: + 49 9306–984017, speaker@peterbuchenau.de www.peterbuchenau.de

Zach Davis „Infotainment auf höchstem Niveau!"
(Handelsblatt über Redner Zach Davis)

Der Redner:
Zach Davis begeistert seit über einem Jahrzehnt auf 120 bis 160 Veranstaltungen jährlich durch seine mitreißende Rhetorik, seine Tipps mit einem Sofort-Nutzen und seine sehr unterhaltsame Art. Zach Davis ist (fast) immer der richtige Redner für Ihre Veranstaltung!

Die Schwerpunkte:
Zach Davis thematisiert zwei spezielle Herausforderungen:
1. Die steigende Informationsflut und
2. Die zunehmende Zeitknappheit.

Mit seinen Schwerpunkten „PoweReading" und „Zeitintelligenz" liefert er jeweils entscheidende und sehr pragmatische Lösungsbeiträge hierzu.

Die Veröffentlichungen:
1. Bestseller-Buch „PoweReading®", 6. Auflage (Leseeffizienz)
2. Video-DVD „PoweReading®-Automatic-Trainer" (Leseeffizienz)
3. Video-CD „Power-Brain" (Merkfähigkeit)
4. Bestseller-Buch „Vom Zeitmanagement zur Zeitintelligenz"
5. Video-DVD „Der Effektivitäts-Code©: Mehr schaffen in weniger Zeit"
6. 8-teilige Audioserie „Der Effektivitäts-Code©: Hochproduktivität"
7. Jahresprogramm „Der Effektivitäts-Code©: Gewohnheiten leicht ändern"
8. Buch „Zeitmanagement für gestiegene Anforderungen"
9. Buch „Zeitmanagement für Steuerberater"
10. Buch „Zeitmanagement für Rechtsanwälte"

Filme über Zach Davis:
www.peoplebuilding.de/zach-davis/vita-film

Ihr Kontakt:
Peoplebuilding, Management Zach Davis, Egerlandstr. 80, 82538 Geretsried, Tel.: 08171–23842-00, info@peoplebuilding.de, www.peoplebuilding.de.
Unterlagen (Portrait, Referenzschreiben etc.) erhalten Sie auf Anfrage gerne!

1
War das schon alles? Midlife-Crisis für angestellte Löwen

Lono

Bereits seit vielen Jahren war Lono erfolgreicher Manager bei Tiger & Meyer. Es war ein anspruchsvoller Job, in den er langsam hineinwachsen musste. Glücklicherweise konnte er vor einigen Jahren, nach einem gescheiterten Auslandsprojekt, bei dem er total überfordert war, dem Burnout noch einmal entrinnen. Es war ein Glücksfall, dass der erfahrene Personalchef Personalöwnix gleich die Symptome erkannt und darauf bestanden hatte, ihn mit einem Burnout-Coach zusammenzubringen, weil er ihn nicht verlieren wollte. Damals hatte Lono Angst, es könnte seiner Karriere schaden, aber das Gegenteil war der Fall. Der Burnout-Coach half ihm langsam, aber sicher wieder in sein Leben zurück und plötzlich begannen ihm einfache Dinge wieder Spaß und Freude zu machen, wie schon lange davor nicht mehr. Lono hatte endlich erkannt, dass Erfolg als Führungskraft langfristig nur dann funktionieren kann, wenn man sich nicht selbst ausbeutet und versucht, ein Leben in Balance zu führen. Phasenweise war ihm das auch gelungen.

Dank seines Kollegen Kimba gab es nun innerhalb der Firmengruppe auch einen Work-Life-Balance-Manager. Dieser hatte beachtliche Erfolge erzielt und auch Lono viele gute Tipps gegeben. Lono hatte, so dachte er zu diesem Zeitpunkt wenigstens noch, das Bewusstsein für die Begriffe Führung und Gesundheit als zusammenhängende Themen erkannt.

So hatte Lono in den letzten Jahren wieder Freude an seiner Arbeit gefunden und war viel effizienter geworden als früher. Trotzdem spürte er in letzter Zeit immer öfter eine Unzufriedenheit, die er noch nicht richtig deuten konnte. Auch seiner lieben Frau Löwina war das schon aufgefallen. Seine Konsequenz beim gesunden Essen und Sport ließ in den letzten Wochen etwas nach und er hatte wieder begonnen, gelegentlich zu rauchen. Nicht oft, nur manchmal nach dem Essen, aber jetzt gerade verspürte er schon wieder Appetit auf eine Zigarette.

Innerlich spürte Lono, dass sein Managerjob bei Tiger & Meyer ihn nicht mehr richtig befriedigte. So lange er auch dafür gebraucht hatte, in seine Position hineinzuwachsen, fühlte er in letzter Zeit, dass er dabei war, aus dieser Tätigkeit hinauszuwachsen. Er brauchte eine neue Herausforderung. Vielleicht sollte er sich sogar selbstständig machen und etwas Eigenes aufbauen? Sein eigener Chef sein? Seine eigenen Ideen umsetzen? In seinem Bekanntenkreis gab es den ein oder anderen Selbstständigen, der sogar mehr zu verdienen schien als er. Das widerlegte seine grundsätzlichen Ängste, mit einer Selbstständigkeit ein großes finanzielles Risiko einzugehen. Sollte die Selbstständigkeit etwa doch ein Weg für ihn sein? Lono war sich nicht sicher.

Und so saß er auch an diesem Abend wieder in seinem Büro, knapp vor 20 Uhr – eigentlich sollte er ein Projekt für den nächsten Tag vorbereiten, welches natürlich wieder mal ganz dringend war – und dachte nach, wie es wohl wäre, wenn er selbstständig wäre. Er holte den Cognac aus dem Schrank, den er für seine Geschäftsfreunde als Begrüßungsdrink immer im Büro hatte, und genehmigte sich einen Schluck. Immerhin waren alle anderen jetzt schon lange zu Hause und er war noch immer fleißig.

Irgendeine tolle Geschäftsidee muss es doch geben, mit der man noch dazu richtig Geld machen kann, dachte er bei sich, während er ein schlechtes Gewissen hatte, weil er noch immer nicht zu Hause war, obwohl seine Kinder jetzt ins Bett gehen würden. Wenn schon keiner mehr im Büro war, konnte er sich auch noch eine Zigarette zum Cognac gönnen. Auch egal – dachte er bei sich und zündete sich einen Glimmstängel an.

Kimba

Bereits seit vielen Jahren war Kimba erfolgreicher Manager bei Tiger & Meyer. Das von ihm geleitete „Projekt zur Förderung gesundheitsfördernder Produkte" war ein voller Erfolg. Das war nicht nur seinem Chef, Herrn Müller-Wechselhaft, sondern besonders auch LEO Rick Löwenherz aufgefallen.

Kimba war nun innerhalb der Firmengruppe der Work-Life-Balance-Manager und hatte beachtliche Erfolge erzielt. Immer mehr Fachzeitschriften griffen dieses Thema auf. Kimba hatte viel von dem Berater der Firma „Löwenweg" gelernt, der ihm geholfen hatte, in der Firma das Bewusstsein für die Begriffe Führung und Gesundheit als zusammenhängende Themen zu schaffen. Kimba war ein richtiger Vorreiter in der Branche und die Mitbewerber von Tiger & Meyer begannen sich zunehmend zu fragen, warum dieses Unternehmen der gesamten Branche immer so weit voraus war. Kimba war stolz auf sich. Er wusste, dass es der ganzheitliche Ansatz war, der Unternehmen und Löwen erfolgreich machen würde. Auch seine kluge Frau Pantera wusste das und deshalb unterstützte sie ihren Mann auf allen Ebenen

1 War das schon alles? Midlife-Crisis für angestellte Löwen

und leistete als kluge Löwenfrau ihren Beitrag zum ganzheitlichen Glück. Ein Leben in Balance – nicht immer, aber immer öfter hatten sie das geschafft. Sie waren glücklich.

Kimba hatte durch seinen Umgang mit guten Coaches gelernt, andere zu coachen. Mit seiner Frau Pantera hatte er auch im Bekanntenkreis vielen Menschen freundschaftliche gute Tipps gegeben und das hatte in ihm den Wunsch geweckt, noch mehr Löwen zu helfen. Aber leider war er kein professioneller Coach und hatte das ja auch nie beruflich gelernt – schade, eigentlich.

Innerlich spürte Kimba, dass es da noch irgendeine Aufgabe in seinem Leben geben würde, die größer wäre als er selbst, aber er hatte noch keine genaue Ahnung, was es war, vielleicht die eine oder andere vage Idee, aber viel zu ungenau. Deswegen hatte er die Frage, immer wenn sie ihm kam, verdrängt. Und so saß er auch diesen Abend wieder zu Hause, knapp vor 20 Uhr, – Panterea brachte die Kinder ins Bett – hatte gerade sein Dankbarkeitstagebuch zu Ende geführt und schweifte mit den Gedanken ab. Das Dankbarkeitstagebuch war eine gute Gewohnheit, die er sich angeeignet hatte, nachdem ihm seine Frau letztes Jahr zu Weihnachten ein Buch eines Motivationstrainers geschenkt hatte, in dem die Dankbarkeitsübung beschrieben war.

Bei dem Führen des Dankbarkeitstagebuchs ging es darum, jeden Abend vor dem Zubettgehen nochmals den Tag Revue passieren zu lassen und sich dabei die entscheidende Frage zu stellen: „Wofür in meinem Leben bin ich dankbar?" Seitdem Kimba diese Übung machte und sich immer bewusster wurde, wie gut es ihm tatsächlich ging, fühlte er sich von Tag zu Tag noch besser und besser. Er war dankbar für seine Gesundheit, sein Aussehen, seine positiven Fähigkeiten und Talente. Es war doch wunderschön, auf dieser Welt leben zu dürfen, dachte er danach jeden Tag vor dem Einschlafen, nachdem er seinen Geist auf positive Dinge fokussiert hatte.

Und dennoch spürte er, dass ihm eine Veränderung bevorsteht.

2
Ich bin im Hamsterrad – auch wenn es von innen aussieht wie eine Karriereleiter

Lono

Lono machte weiterhin tagtäglich seinen Job und er machte ihn gut. Er konnte sich selbst auf die Schulter klopfen. Seine Vorgesetzten und seine Mitarbeiter waren mit ihm zufrieden und er funktionierte. Natürlich gab es da das jährliche Lob vom Personalchef Personalöwnix beim Mitarbeitergespräch und auch von den beiden „Oberbossen" LEO Rick Löwenherz und Müller-Wechselhaft. Und natürlich versicherte man ihm, dass man ihn bei der weiteren Karriereplanung von Tiger & Meyer nicht vergessen würde.

Aber immer mehr spürte Lono, dass er in einem Hamsterrad gefangen war. Und so ein Hamsterrad sieht ja von innen manchmal wie eine Karriereleiter aus. Tag für Tag rannte er brav und folgsam im Rad, spulte ein Projekt nach dem anderen ab, ohne dabei die gleichen Fehler zu machen wie damals, als er knapp am Burnout vorbeischrammte. Oder machte er sich vielleicht doch selbst dabei etwas vor und stand schon wieder kurz vor der nächsten Lebenskrise? Seine Frau Löwina spürte nicht nur seine Unausgeglichenheit, auch sie selbst war in letzter Zeit immer unzufriedener und einmal hatte sie ihm sogar damit gedroht, mit den Kindern für einige Zeit in den Ferien zur Schwiegermutter zu ziehen, da er ohnehin nur zum Schlafen nach Hause komme.

Lono verdiente zwar gut, im Vergleich zu so manchem anderen Angestellten, aber verglichen mit der Zeit, die er im Büro verbrachte, die der Gemeinschaftszeit mit seiner Partnerin und für seine Kinder fehlte, hielt er es dennoch für ein viel zu geringes „Schmerzensgeld", welches er Monat für Monat erhielt. Je mehr Familienzeit wegfiel, umso mehr versuchte er mit Geld wett zu machen, Löwina und den Kindern teure Geschenke mitzubringen, sich selbst für seine harte Arbeit zu belohnen, der Familie zumindest einen komfortablen Urlaub zu finanzieren … und so hatte Lono trotz seines guten Gehalts regelmäßig den Eindruck, dass am Ende des Gehalts noch zu viel Monat übrig sei. Immer wieder hatte er Stress, die Raten für den Kredit ihrer schicken Doppelhaushälfte zu bezahlen. Das Schlimmste von allem war aber: Es ging nicht nur ihm so. Seiner geliebten Löwina erging es nicht anders. Sie hatte, neben den Kindern und dem Haushalt, einen Job in einer Boutique als Verkäuferin annehmen müssen, um die Raten für das Doppelhaus wirklich zahlen zu können. Sie wollte einfach auf Nummer sicher gehen, damit sie nachts gut schlafen konnte. Und trotz ihres Zuverdienstes musste sie Abstriche von ihren Träumen von einem perfekten Familienleben in Kauf nehmen.

Nein, das Hamsterrad war nicht Lonos Ding – und Löwinas ja auch nicht. Das stand schon mal fest. Es brachte auch nichts, bei Tiger & Meyer auf dem vermeintlichen Karrieretreppchen noch eine Stufe weiter aufzusteigen. Lono musste sich beruflich verändern! Und das bedeutete Selbstständigkeit. Die Frage war, wie er das jetzt noch Löwina beibringen sollte, die doch immer so auf Sicherheit bedacht war.

Kimba

Kimba machte weiterhin tagtäglich seinen Job und er machte ihn gut. Er konnte sich selbst auf die Schulter klopfen. Man war mit ihm zufrieden und er funktionierte. Natürlich gab es da das jährliche Lob vom Personalchef Personalöwnix beim Mitarbeitergespräch und auch von den beiden „Oberbossen" LEO Rick Löwenherz und Müller-Wechselhaft. Und natürlich versicherte man ihm, dass man ihn bei der weiteren Karriereplanung von Tiger & Meyer nicht vergessen würde.

Auch Kimbas Privatleben war noch immer ein Leben in Balance, aber trotzdem hatte er in letzter Zeit immer öfter mal das Gefühl, irgendetwas fehle ihm noch. Ja, wenn er ehrlich über diesen Punkt nachdachte, musste er sich eingestehen: Es fehlte ihm sogar sehr oft etwas. Gar nicht so einfach zu definieren, was es war. Aber dadurch, dass er immer intensiver über diesen Punkt nachdachte, ließ er ihn auch nicht mehr los. Und mit jedem Tag, den er mehr darüber nachdachte, was ihm eigentlich fehlte, wurde es ein bisschen klarer.

Kimba hatte das Gefühl, in einem Hamsterrad gefangen zu sein. Und so ein Hamsterrad sieht ja von innen oft wie eine Karriereleiter aus. Er war bei Tiger & Meyer auf einer Position angekommen, auf der er sich lange Zeit wohl gefühlt hatte. Seine Arbeit machte ihm durchaus Spaß, er war stolz auf seine Erfolge und auch darauf, in der Firma und bei den Mitarbeitern vieles zum Positiven verändert zu haben. Aber er hatte den Eindruck, selbst wenn er auf der vermeintlichen Karriereleiter noch weiter aufsteigen würde, würde ihn das nicht wirklich voranbringen. Ab jetzt würde er sein Glück außerhalb von Tiger & Meyer suchen müssen. Nur wo?

Er hatte das Gefühl, es müsse da noch eine höhere Aufgabe in seinem Leben geben, für die er geboren wurde. Kimba glaubte daran, dass jeder Löwe im Einklang mit seinen individuellen Fähigkeiten und Talenten eine Lebensmission zu erfüllen hätte. Er glaubte auch daran, dass diese Mission nicht wirklich erfüllt werden würde, wenn er selbst sie nicht erfüllte.

Das war der Grund, warum in Kimbas Löwenherz von Tag zu Tag mehr der Wunsch heranwuchs, noch etwas Neues im Leben anzugehen und das bedeutete, sich selbstständig zu machen. Das Geld war ihm dabei nicht das wichtigste Kriterium. Das Geld würde schon von alleine kommen, wenn er möglichst vielen Löwen mit seiner Dienstleistung oder seinem Produkt helfen würde. Aber womit?

Was könnte seine Mission sein? Kimba wusste, dass die Mitarbeiter bei Tiger & Meyer dank des von ihm initiierten und geleiteten Gesundheitsmanagementprojektes nun viel ausgeglichener agierten und ein Leben in Balance anpeilten. Sollte er außerhalb von Tiger & Meyer noch mehr Löwen davon zu überzeugen versuchen? Nur seiner Initiative war es zu verdanken, dass dieses Projekt so erfolgreich war. Über den Firmenrahmen hinaus hatte er immer wieder Anfragen bekommen zu Themen rund um ganzheitliche Balance und Work-Life-Balance. Sollte er andere Firmen beraten? Sein Personalchef Personalöwnix hatte ihm sogar angeboten, einen Kontakt zu einem Buchverlag herzustellen. Sollte Kimba die Erfahrungen aus dem Work-Life-Balance-Projekt extern für Buchprojekte verwenden? Oder ging seine Mission in eine ganz andere Richtung?

Das Thema ließ ihn nicht mehr los und beschäftigte ihn morgens beim Aufwachen und abends beim Einschlafen. Irgendwann wollte er darüber auch mit seiner klugen Löwenfrau Pantera sprechen. Sie hatte ihm in schwierigen Lebensphasen schon oft Rückhalt gegeben und letztendlich wäre der Schritt weg von Tiger & Meyer ja auch eine Frage, die die ganze Familie betraf.

3
Mein Stundensatz muss steigen! Versus: Ich tausche nicht mehr Zeit gegen Geld!

Lono

Es war Montagmorgen. Lonos Vorgesetzter, Herr Müller-Wechselhaft, betrat schlecht gelaunt wie jeden Montagmorgen den Meetingraum zur Wochenbesprechung. Warum ist der wohl montags immer so schlecht drauf, fragte Lono sich. Er hat sein Wochenende doch immerhin zu Hause verbracht. Wenn ich den so sehe, zieht sich die Woche ja jetzt schon ins Unendliche!

Lono hatte am Wochenende wieder fast ausnahmslos durchgearbeitet, wie damals, in der schlimmsten Zeit seines Lebens, als er knapp vor dem Burnout stand. Aber es war einfach wichtig, das laufende Projekt ordentlich abzuschließen und sein Chef Müller-Wechselhaft verstand keinen Spaß bei Terminverzögerungen. Ob man ihm ein zweites Mal eine Chance geben würde, so wie damals bei dem gescheiterten Projekt in Lindien? – Sicher nicht! Nein daran wollte er gar nicht mehr denken. Er musste da jetzt durch! Voller Einsatz, auch wenn er schon wieder Schlaf- und Essstörungen hatte. Die Probleme mit dem Übergewicht waren auch wieder da, er hatte im letzten halben Jahr fünf Kilogramm zugenommen. Na klar, das hatte ihm sein Burnout-Coach ja damals ganz genau erklärt. Wenn der Stress steigt, kann der Körper das Stresshormon Cortisol nicht mehr abbauen und dann wird man fett, so einfach ist das. Aber das eine war die Theorie und das andere die Praxis. Wer hat denn nach einem Zwölfstundentag noch Lust auf Jogging oder Fitnesscenter? Sollte er sich von einem anderen den Job wegschnappen lassen oder die Karrierechancen verbauen, während er am Heimtrainer säße? Man muss eben manchmal Prioritäten setzen, sagte Lono zu sich selbst, um sich zu beruhigen.

Während Müller-Wechselhaft anhand der wie üblich langweiligen Lionpointfolien, die ihm seine Sekretärin vorbereitet hatte und die alle mit Zahlen und Texten überfüllt waren, zum x-ten Mal das aktuelle Projekt „Neue Produktionsstrategien in Lamerika" durchkaute, beantwortete Lono einige Lion-Mails am Li-Phone und versuchte dabei trotzdem, den Schein eines aufmerksamen Zuhörers zu wahren. Es ist eben wichtig, mehrere Sachen parallel zu machen, um Zeit zu sparen, dachte er sich.

Während er mit der einen Hand Lion-Mails beantwortete und parallel seine Aktienkurse im LiPhone checkte, griff er mit der anderen Hand zur Kaffeekanne, um sich den vierten Kaffee für diesen Morgen einzugießen. Irgendwann müsste er ja wach werden. Wahrscheinlich sollte er doch mal wieder ein Wochenende ohne Arbeit verbringen. Sonst bestand die Gefahr, dass sich seine Frau Löwina wirklich noch von ihm scheiden ließe und die lieben Löwenkinder mitnehmen würde, für die er dann noch Löwenalimente zahlen müsste.

Ein Horrorszenario! Seinem Freund Lionid war es tatsächlich so ergangen. Sein Löweneinkommen ging jetzt zu mehr als der Hälfte nur für Alimente und Hausraten drauf, wobei seine Frau im bisherigen gemeinsamen Löwenhaus lebte. Das sollte ihm nicht passieren und das würde ihm nicht passieren. Obwohl seine Löwina auch schon zweimal für einige Tage mit den Löwenkindern zu den Schwiegereltern ausgezogen war, um ihm einen Warnschuss zu verpassen, weil er wieder einmal zu viel gearbeitet hatte.

Gestern wäre es auch fast wieder passiert, nachdem er, als die ganze Löwenbande bei Gepards zum Grillen eingeladen war, dort den ganzen Abend lang nur mit dem LiPhone Lion-Mails beantwortet und mit seiner Sekretärin wegen des heutigen Meetings telefoniert hatte. Danach musste er Löwina ein neues Larmani-Kleidchen versprechen, um die Situation zu kitten. Kaufversprechen waren sein Mittel, wenn der Haussegen schiefhing. Wahrscheinlich hat Müller-Wechselhaft auch so eine zickige Altlöwin zu Hause, weil er am Montagmorgen immer so schlecht drauf war, dachte Lono.

Überhaupt konnte er den Ansprüchen seiner Frau Löwina nur schwer gerecht werden, überlegte er –während vorne die langweiligen Lionpointfolien von Müller-Wechselhaft durchgeklickt wurden, begleitet von seinem langweiligen Montagmorgen-

Chefmonolog ... und jetzt erzählte Müller-Wechselhaft zum fünften Mal an diesem Morgen, „dass jeder Einzelne für dieses Projekt noch persönlichen Einsatz wird bringen müssen und unbezahlte Überstunden."

„Unbezahlte Überstunden erwarte ich von jedem von Ihnen und 120-prozentigen Einsatz", klang es Lono noch drei Stunden nach der Besprechung in den Ohren. Wie stellt sich der Boss das eigentlich vor?, fragte er sich. Lono war wütend und spürte, wie sich seine Nackenmuskeln verhärteten. Trotzdem hatte er Angst vor seinen eigenen Überlegungen, die seit einiger Zeit in seinen Kopf herumschwirrten und mit jeder Montagsbesprechung immer konkreter wurden.

Wie sollte er es schaffen, seiner Frau all die schönen Schuhe und Kleider, Reisen, tollen Restaurantbesuche, den Löwenkindern die Privatschule, zwei Autos, das Löwendoppelhaus und all die sonstigen Wünsche zu erfüllen, mit seinem bescheidenen Löweneinkommen bei Tiger & Meyer? Ob seine Frau wirklich so hohe Ansprüche hatte, wusste er gar nicht. Schließlich wurde hierüber nie geredet. – Nein, sein Entschluss stand fest, sein Stundenlohn musste gravierend steigen und das war hier bei Tiger & Meyer nicht mehr in der Relation möglich, wie er es gerne gesehen hätte. Daher musste er eine gute Geschäftsidee bekommen, um sich selbstständig machen zu können. Daran führte vermutlich kein Weg vorbei. Der Gedanke verfestigte sich im Laufe der Zeit. Schon sehr bald würde ihm die zündende Idee kommen und dann würde er sofort mit seiner Frau Löwina darüber sprechen und auch ihr würde dann klar sein, dass – Sicherheitsbedenken hin oder her – die Selbstständigkeit der einzige Ausweg wäre.

Kimba

Es war Montagmorgen. Kimbas Vorgesetzter, Herr Müller-Wechselhaft, betrat schlecht gelaunt wie jeden Montagmorgen die Wochenbesprechung. „Ich verstehe nicht, warum der montagmorgens immer so schlecht drauf ist", dachte Kimba sich. „Das Wochenende war doch so toll und sogar das Wetter war prima!"

Kimba hatte am Samstag mit seiner Familie einen wunderschönen Radausflug gemacht, dann abends Freunde zu einem Gartenfest eingeladen und sonntags war die ganze Rasselbande im Zoo und hatte viel Spaß. Dann noch der wunderbar romantische Abend mit Pantera mit Candle-Light-Dinner und intensiv genossenem Dessert, als die Löwenkinder schon im Bett lagen …

So konnte man eine Arbeitswoche wieder gestärkt beginnen, wenn auch die aktuellen Aufgaben bei Kimba nicht allesamt auf Begeisterung stießen und nicht jede davon prickelnd war. Kimba spürte, dass er vor einer großen beruflichen Veränderung stand, aber es war ihm wichtig, sein aktuelles Projekt für Müller-Wechselhaft noch ordentlich abzuschließen. Ob er sich in das neue Projekt, das Müller-Wechselhaft heute vorstellte, noch einbauen lassen wollte, da war sich Kimba allerdings nicht so sicher.

Da Kimba einer der besten Leute bei Tiger & Meyer war und ihm das seine Chefs, inklusive Müller-Wechselhaft und dem Oberchef LEO Rick Löwenherz, mehrmals jährlich bestätigten, hatte er im Gegensatz zu vielen anderen in der Firma niemals Angst, seinen Job zu verlieren. Er gab immer 110 %, wenn er etwas tat, aber nicht, ohne dabei auch auf eine ausgeglichene Lebensweise zu achten. Es war ihm wichtig, nahezu täglich laufen zu gehen und mindestens zwei- bis dreimal pro Woche ins Fitnesscenter. Mit aktiven Muskeln fühlte er sich nicht nur viel aktiver, es war auch viel leichter, das Gewicht zu halten, weil mehr Muskeln auch eine bessere Fettverbrennung bedeuteten. Seine kluge Frau Pantera unterstützte seine sportlichen Ambitionen, denn auch ihr war bewusst: „Leo sano in corpore sano" – in einem gesunden Löwenkörper wohnt ein gesunder Geist.

Obwohl Müller-Wechselhaft nicht der beste Diskussionsleiter war und sehr oft stundenlange Monologe hielt, versuchte sich Kimba aktiv in die Morgenbesprechung einzubringen und stellte eine Vielzahl von Fragen. Schon bald war ihm klar, dass das neue Projekt unter dem Titel „Expansion Lamerika" nicht nur von ihm, sondern auch von einer Vielzahl der anderen Führungskräfte, extremen Zeitaufwand erwarten würde – auf Kosten der Freizeit. Und Kimba musste wieder einmal daran denken, wie es wohl wäre, sich selbstständig zu machen. Ein Gedanke, der ihn jetzt schon seit einigen Wochen nicht mehr losließ.

Immer wieder drehten sich Kimbas Gedanken im Kreis: Er war viele Jahre als Angestellter zufrieden gewesen. Aber das konnte doch noch nicht alles gewesen sein. Er wollte nicht bis an sein Lebensende als Angestellter Zeit gegen Geld tauschen und er wollte nicht tagtäglich wie ein kleines Nagetier im Hamsterrad laufen. Er glaubte immer mehr daran, dass es da draußen noch eine ganz besondere Aufgabe für ihm gab, im Einklang mit seinen Fähigkeiten und Talenten, die er bis jetzt vielleicht noch gar nicht so ausgelebt hatte. Und immer wieder blieben Kimbas Gedanken am gleichen Punkt hängen: Was könnte seine Lebensmission sein?

Schon in der Schulzeit hatte er gerne anderen geholfen, er hatte gerne Theater in der Schauspielgruppe gespielt, Gitarre gespielt und viele andere Dinge gemacht, die er aus Zeitgründen seit Jahren nicht mehr ausleben konnte.

Bei Tiger & Meyer war er damals hauptsächlich gelandet, weil sein Löwenvater zum alten Meyer so einen guten Draht hatte und beide öfter nach der Tennispartie ein Löwenbräu zusammen tranken. Aber, obwohl er den Job, wie er sich sicher war, viele Jahre gut gemacht hatte, war jetzt Zeit für eine Veränderung. Ja, noch einmal raus aus der Komfortzone und etwas Neues machen! Aber was? Das war die große Frage.

Trotzdem – alles im Leben beginnt mit einer Entscheidung und die hat bekanntlich oft auch mit Scheiden und Scheideweg zu tun. Sich für eine Sache entscheiden, bedeutet in der Regel auch gleichzeitig, sich gegen eine andere Sache zu entscheiden. Kimba war klar, beruflich näherte sich der Tag der Scheidung von seinem alten Brötchengeber. Nicht mehr Zeit gegen Geld tauschen, sondern die Lebensmission finden und leben. Diesen Entschluss hatte Kimba heute nach dem Meeting getroffen. Deswegen wollte er am kommenden Wochenende mit Pantera darüber sprechen und sie um ihre Meinung fragen. Panteras Meinung war ihm wichtig und oft war sie für seine Ideen so etwas wie ein Katalysator. Er freute sich schon auf das Gespräch mit ihr und hoffte, dass es am Wochenende einen passenden Zeitpunkt dafür geben würde.

4
Handeln trotz Angst! Versus: Die Angst überwinden!

Lono

Am folgenden Sonntag, als Lono mit seiner Frau Löwina am Küchentisch saß und sie gemeinsam frühstückten, die Kinder waren schon zum Spielen in den Garten gegangen, nippte Lono an seinem Latte macchiato und sagte plötzlich ganz ernst: „Du, Löwina, wir müssen reden! Hast du denn auch manchmal das Gefühl, irgendetwas Wichtiges fehlt noch in unserem Leben?"

„Ja, da hast du recht, Lono", antwortete Löwina spontan und grinste ihn schelmisch an. „Ich hätte auch so gerne so einen spritzigen Lorsche wie die Frau von Jaguari mit 400 PS."

„Genau das ist es, was ich meine, Löwina. Schau mal, Jaguari hatte sich damals rechtzeitig mit seiner Geschäftsidee als Berater selbstständig gemacht. Ich könnte das genauso machen wie er und dann würden wir auch bald einen Lorsche fahren", sinnierte Lono nachdenklich. „Und außerdem habe ich die Projekte satt, die sich die bei Tiger & Meyer da dauernd ausdenken, von den Launen vom alten Müller-Wechselhaft will ich gar nicht reden. Ich möchte mir meine Zeit selbst einteilen können und nicht ein Jahr im Voraus festlegen, an welchen Tagen ich mir frei nehme. Und noch eins: Als angestellter Löwe bin ich doch ein moderner Sklave und einkommenstechnisch immer limitiert."

„Na ja, du hast schon recht, mein lieber Lono, mit den Projekten. Und natürlich will ich auch nicht immer bei den Gepards alleine am Wochenende beim Barbecue sitzen, während du zu Hause für ein Projekt von Tiger & Meyer arbeitest. Ich fände es auch toll, wenn du zum Geburtstag der Kinder morgens später anfangen könntest zu arbeiten. Oder mich mal während meiner Mittagspause in der Boutique zum Essen ausführen könntest. Aber meinst du denn wirklich, dass du als Selbständiger mehr verdienen würdest? Dass wir die Raten für unser Haus abbezahlen könnten ohne am Monatsende jeden Leuro umzudrehen? Und dass wir auch dann genug Geld übrig hätten, wenn du mal krank wirst?"

„Ja, ich glaube schon", antwortete Lono fest entschlossen. „Natürlich weiß ich auch, dass es einige Risiken gibt. Aber Jaguari zum Beispiel kriegt das ja auch alles hin. Man muss sich eben vorher gut informieren. Apropos, am Wochenende werde ich ein

Seminar besuchen von Lion Wunderwuzzi. Verkaufen ohne Kundennutzen - und werde motiviert reich dabei in nur 12 Wochen

„Das hört sich echt spannend an", stellte Löwina fest. „Und denkst du, dass das auch wirklich alles funktioniert?"

„Ja, ich denke schon. Wunderwuzzi hat sehr viele Jünger …", antwortete Lono spontan.

„Wie, Jünger?", fragte Löwina skeptisch.

„Na ja, ich meine Anhänger. Er ist seit mehr als 20 Jahren am Markt und viele seiner Anhänger sind ihm seit der ersten Stunde treu."

„Und ist er wirklich gut?", bohrte Löwina weiter. „Sind seine Kunden alle reich und glücklich?"

„Keine Ahnung, aber man sollte es ausprobieren. Vor allem sind seine Seminare gratis, weil er so ein großer Löwenfreund ist."

„Na dann", freute sich Löwina. „Dann kann ja eigentlich fast nichts schief gehen! Kann ich nicht mitkommen? Die Kinder sind doch sowieso am Wochenende bei deinen Eltern."

„Gerne, mein Schatz", antwortete Lono, startete sein Notebook und füllt die Anmeldung für das einzigartige Seminar „Verkaufen ohne Kundennutzen und werde reich dabei in nur zwölf Wochen" von Lion Wunderwuzzi aus. Als Dankeschön für die Anmeldung erhielt Lono gleich noch eine kostenlose Buchprobe „Wie man mit schweren Schicksalsschlägen umgeht … Die Geschichte vom kleinen Junglöwen zum Wunderwuzzi". Noch am gleichen Abend begann er, interessiert darin zu lesen und fühlte sich sofort mit dem Autor verbunden …

Kimba

Am folgenden Sonntag, als die Kinder mit ihrem Opa zum Schwimmen gegangen waren und Kimba mit seiner Frau Pantera zum zweisamen Frühstück auf der Terrasse saß, setzte sich Pantera auf seinen Löwenschoß, legte zärtlich ihre Löwenpfötchen um seinen Hals und fragte: „Du, Kimba, bist du auch so dankbar wie ich, dass wir so glücklich sind?"

„Ja, Liebling, sehr", sagte Kimba und nippte wieder an seinem Löwencappuccino. Gleichzeitig dachte er, das ist der richtige Zeitpunkt für ein Gespräch mit Pantera. Deswegen fuhr er fort: „Aber du, Pantera, ich habe trotzdem manchmal das Gefühl, irgendetwas Wichtiges fehlt noch in meinem Leben. Denkst du nicht auch?"

„Aber, wir haben doch zwei wunderbare Junglöwen", antwortete Pantera spontan und runzelte fragend die Löwenstirn. „Meinst du, das reicht nicht?"

„Das meine ich nicht … ich meine, dass es da noch irgendetwas Höheres im Leben geben muss, etwas, das uns noch mehr Sinn im Leben gibt. Ich meine, noch etwas anderes als gut zu essen, zu trinken, zu arbeiten und kleine Löwen in die Welt zu setzen", murmelte Kimba.

Pantera schaute ihn fragend an und legte dabei ihre Löwenstirn noch mehr in Falten.

„Ich habe das Gefühl, ich sollte mich selbstständig machen. Die Aufgaben in der Firma fordern mich nicht mehr und ich will nicht mehr länger meine Zeit gegen Geld tauschen. Als angestellter Löwe bin ich doch einkommenstechnisch immer limitiert. Das stand schon in dem Buch von diesem Lifedesign-Löwen, das du mir zu Weihnachten geschenkt hast."

Pantera hörte die Worte ganz erstaunt. Sie hatte eigentlich vorgehabt, ihrem geliebten Kimba etwas vorzuschlagen, aber da er jetzt schon das Thema eröffnete, antwortete sie gleich, ohne vorher Luft zu holen: „Eine Freundin, und zwar die kluge Lolo Gepard, hat mir erzählt, sie habe mit ihrem Mann letztes Wochenende ein Lifedesignweekend von Paolo Löwisar besucht. Ich habe übrigens kürzlich eine Kolumne in der „Zeitschrift für die Löwenfrau" von ihm gelesen. Das Thema Lebensdesign und bewusste Lebensplanung mit Lebensdrehbuch beschäftigt offensichtlich immer mehr Löwen und ist sehr zeitgemäß. Jedenfalls behauptet Lolo Gepard, das Seminar hätte das Leben der beiden verändert, was immer das genau bedeuten mag. Ach ja, und sie hat sogar gesagt, sie und ihr Mann machen jetzt als Paar gemeinsam eine Ausbildung als Coaches in der Best of Best-Löwenakademie."

„Was soll denn so besonders an dem Wochenende gewesen sein?", fragte Kimba skeptisch.

„Lolo hat erzählt, dass Löwisar auf seinen Seminaren versucht, die Besten der Besten von innen heraus zu motivieren, also aus sich selbst heraus. Er coacht einige der erfolgreichsten Business- und TV-Löwen und auch Rennfahrer-, Schlager- und Profifußballerlöwen. Außerdem hat er einige interessante Bücher zum Thema Lebenssinn und Lebensmission geschrieben. Wie das, das ich dir zu Weihnachten geschenkt habe", antwortete Pantera. „Und um die ganz besondere Aufgabe im Leben und wie man diese herausfindet, darum dreht es sich wohl auch in diesem Seminar."

„Wie? Lebensaufgabe? Mission?", fragte Kimba interessiert. Das waren doch genau die Schlagworte, die ihm seit Wochen durch den Kopf spukten.

„Ja, genau. Lolo hat erzählt, in dem Seminar ginge es darum, dass jeder Löwe vom lieben Löwengott eine Bestimmung und eine Aufgabe, oder sogar mehrere, in Form von Missionen auf seiner Reise auf die Erde mitbekommen hat und diese erfüllen muss. Manchmal kommt es auch vor, dass eine Aufgabe zur nächsten führt, wie beim Löwen Arnie Schwarzenlöw, der zuerst Bodybuilder, dann Hollywoodstar und später Löwen-Gouverneur von Kalöwornien war."

„Na ja, ich muss sagen, das Buch, das ich von ihm gelesen habe, war ja auch schon ganz gut. Der Typ tickt gar nicht so verkehrt, denke ich, wenn ich das so höre mit Mission und Bestimmung."

Pantera war jetzt in ihrem Element und fuhr fort: „Wenn ein Löwe seine Löwenmission gefunden hat, muss er nicht mehr dauernd von außen motiviert werden, sondern dann ergibt sich die Motivation ganz von selbst. Aus diesem Grund hat Paolo Löwisar auch die Best of Best-Löwenakademie gegründet, da arbeitet er dann als Netzwerker mit solchen Toptrainern wie Peter Löwenau zusammen."

„Peter Löwenau, ein guter Mann, den kenne ich", sagte Kimba. „Ich habe vor einiger Zeit sein Buch ‚Die Performer-Methode' gelesen." – „Ohne Sinn ist alles sinnlos", war ein Satz, den Kimba sich gemerkt hatte. Ja, dachte er bei sich, Sinn und Lebensmission, das sind zwei wichtige Themen, denen man Zeit widmen sollte. Irgendwann mal – oder vielleicht doch jetzt? Es waren ja genau die Themen, die ihn seit Wochen beschäftigten.

Als wenn sie Gedanken lesen könnte, fuhr Pantera fort: „In drei Wochen gibt es wieder so ein Lifedesignweekend, Liebling, und Paolo Löwisar und Peter Löwenau werden gemeinsam zwei Tage lang den Löwen helfen, über ihr Leben nachzudenken und ihrer Lebensmission näher zu kommen. Wollen wir dabei sein?"

„Ja, aber, Liebling, in drei Wochen ist doch das Geburtstagsfest von Onkel Negilöw, sollten wir da nicht hin?"

„Weißt du, was Lolo noch von dem Seminar erzählt hat, Liebling? Sie hat gesagt, dass die meisten Löwen sich zwar Unmengen Zeit nehmen, ihre Häuser, Wohnungen und Urlaube zu planen, aber kaum jemand Zeit investiert, sein Leben zu planen. Und er schreibt, dass wir vorsichtig sein sollen, mit welchen Löwen wir uns umgeben. Denn negative Löwen rauben uns Energie. Ich meine das nicht böse, mein Schatz, aber jedes Mal, wenn wir von Onkel Negilöw wegfahren, bist du deprimiert."

„Da hast du allerdings recht, mein Schatz."

„Erinnere dich!", fuhr sie fort. „Die letzte Geburtstagsfeier von Onkel Negilöw war so negativ verlaufen und hat mit einem Streit zwischen Negilöw und deinem Cousin geendet, wie schon die Jahre davor. Lass ihn uns kurz an einem anderen Tag besuchen und ein kleines Geschenk vorbeibringen, okay? Außerdem hat Lolo Gepard erzählt, sie und ihr Mann hätten so viele positive und gut gelaunte Löwen auf dem Seminar kennen gelernt ... vier davon hatten sie spontan eingeladen, sie zu Hause zu besuchen. Der Trainer hätte übrigens gesagt, wir sollten uns die sechs bis zehn Leute ansehen, mit denen wir heute am meisten Zeit verbringen und wir könnten sehen, wo wir in zwei Jahren stehen werden."

„Also gut, mein Schatz, du hast mich überzeugt. Lass uns unseren neuen Lebenssinn finden gehen! Ich spüre nämlich, dass ich nicht dazu geboren bin, mein Leben lang nur für einen Arbeitgeber zu arbeiten, sondern ich will noch vielen Tausenden von Löwen helfen, ein besseres Leben zu führen. Auf zur Löwenakademie, um uns vorbereiten zu lassen auf das nächste Level in unserem Leben. – Aber irgendwie, mein Liebling, habe ich etwas Angst, wenn ich darüber nachdenke, dass nach diesem Seminar in unserem Leben vielleicht kein Stein auf dem anderen bleibt. Und, ganz ehrlich gesprochen, von Löwe zu Löwe, ich habe Angst, dass wir vielleicht unseren Wunschtraum finden, der in uns wohnt, aber nicht genügend Geld damit verdienen können ..."

„Mein geliebter Kimba", antwortete Pantera und küsste ihren Mann auf seine nasse Löwenschnauze, „wenn wir vor dem nächsten Schritt im Leben und dem nächsten Level nicht auch etwas Angst hätten, dann wäre dieser wahrscheinlich nicht groß genug, oder? Ich melde uns jetzt im Internet an, Liebling, ist das okay?"

Kimba nahm Pantera in den Arm und da war er wieder, dieser Augenaufschlag, den er seit 20 Jahren so liebte.

5
Kann ich meine Lebensmission finden?

Lono

Lono und seine Frau Löwina freuten sich schon richtig auf das Seminar von Lion Wunderwuzzi. Morgen sollte es soweit sein. Sie würden früh aufstehen, um gemeinsam nach Lerlin in die Löwenhauptstadt zu fahren. Diesmal würden sie aber dorthin fahren mit der Absicht, endlich ihr Leben besser und einfacher zu gestalten und zwar ganz ohne Kraftaufwand. Sie müssten nur ihr Denken verändern, so stand es im vierfarbigen Prospekt, der zwischenzeitlich per Löwenpost eingetroffen war.

Im Moment saßen sie im Wohnzimmer. Im Hintergrund lief auf Löwen-TV „Löwenland sucht den Superstar". Sie hatten sich beim Pizzadienst ihre Lieblingsgazellenpizza bestellt. Dazu tranken Lono und sie nun Löwenbräu und starrten in das Löwen-TV. Die Löwenkinder waren schon im Bett.

„Denkst du, man kann wirklich ohne Gegenleistung reich werden und das in nur zwölf Wochen, so wie das der Lion Wunderwuzzi verspricht, meine liebe Löwina?", fragte Lono seine Frau mit großen Löwenaugen, während diese ins Löwen-TV starrte und mit ihren Löwenaugen gerade gebannt die Auswertung der Publikumsanrufe verfolgte.

„Sicher", antwortete Löwina. „So richtig reich kannst du ja mit ordentlicher Arbeit ohnedies nie werden, denke ich. Du brauchst einfach eine gute Idee. Oder du verkaufst den Löwen etwas, was keiner braucht, aber alle glauben, es zu benötigen. Kannst du dich an die Löwenzauberwürfel vor einigen Jahren erinnern? Oder bunte Liondome mit Erdbeergeschmack? Noch genialere Geschäftsidee als die Erfindung des LiPhones, oder?"

„Bist du sicher?" Lono klang jetzt etwas verunsichert. „Irgendwie würde ich schon gerne etwas Sinnvolles machen. Aber alle sinnvollen Ideen bringen kein Geld, fürchte ich. Wahrscheinlich hast du recht. Ich hatte in der Vergangenheit immer zu viele Vorbehalte und Skrupel. Schon meine Löweneltern haben mir immer gesagt, ich bin zu gutmütig und mit meiner Gutmütigkeit werde ich es nie zu etwas bringen. Es geht darum, da draußen zu überleben. ‚Fressen oder Gefressen werden', ist die Devise, wie Löwenopi immer gesagt hat, als er noch Zähne im Maul hatte. Ja, unsere Entscheidung war schon richtig – dieser Wunderwuzzi hat bestimmt Ahnung, wie es geht, sonst hätte er nicht so viele Fans und nicht Tausende von Teilnehmern am Seminar."

„So, und jetzt ab ins Bett, Lono, und hör auf nachzugrübeln. Zu viel Nachdenken macht Kopfweh genauso wie zu viel Wissen, hat meine Löwenoma immer gesagt. – Und die Sendung mit Lieter Lohlen ist auch schon vorbei. Also, wir sollten jetzt schlafen gehen. Unser Flieger startet um 6.55 Uhr nach Lerlin."

Sie verabschiedete sich mit einem Gutenachtkuss von Lono und verschwand in Richtung Badezimmer. Lono schenkte sich ein weiteres Löwenbräu ein und ging auf die Terrasse, um eine Larlboro zu rauchen und nachzudenken. Aber schnell verscheuchte er alle Bedenken und entschied sich, auf Wunderwuzzi zu vertrauen. Weg mit dem komischen Gefühl in der Magengegend, nicht so wichtig. Irgendeine Idee zum Geldverdienen wird mir schon kommen. Ich bin kein Löwenweichei, jetzt schaffe ich es auch. – Ihr werdet alle sehen!

Kimba

Kimba und seine Frau Pantera freuten sich schon richtig auf das Seminar. Morgen sollte es soweit sein. Sie würden früh aufstehen, um gemeinsam nach Löwenbräucity zu fahren, wo auch immer das nette Löwenbräufest stattfand. Diesmal würden sie aber dorthin fahren, um vielleicht das wichtigste Seminar ihres Lebens zu besuchen. Es könnte ihr Leben verändern. So stand es in der Beschreibung und beide waren schon richtig aufgeregt.

Für den Vorabend des Seminars hatte Pantera ein ganz hervorragendes Gazellensteak gegrillt, welches Kimba wunderbar geschmeckt hatte und nun saßen beide mit einem Glas Chateauneuf du Lionpape auf der Terrasse bei Kerzenlicht. Die Löwenkinder lagen schon im Bett.

„Denkst du, man kann die Lebensmission im Rahmen eines Seminars oder Workshops wirklich herausfinden, meine liebe, kluge Pantera?", fragte Kimba seine Frau mit großen Löwenaugen und setzte dabei einen Blick auf, wie Strolchi, der gerade nachdenkt, was er machen muss, um von seinem Herrchen ein Stück Wurst zu bekommen.

„Sicher", antwortete Pantera. „Wenn du offen an die Dinge herangehst und keine Vorurteile hast. Du weißt doch, was der alte Lenry Ford, dem wir das Löfordmobil zu verdanken haben, mal gesagt hat: ‚Wenn du sagst, du schaffst es, dann schaffst du es und wenn du sagst, du schaffst es nicht, dann hast du auch recht.'"

„Na klar, kenne ich den Spruch!", antwortete Kimba kleinlaut. „Aber ich meinte ja nur, ich habe überhaupt noch keinen Schimmer, was meine Mission ist. Ich spüre nur, dass das, was ich derzeit mache, noch nicht alles sein kann."

Pantera stand auf und begann, Kimba mit ihrer Löwenpfote sanft den Nacken zu kraulen: „Auf der Internetseite zu unserem Seminar stand, 50 % der Löwen, die zu den Seminaren kommen, haben anfangs keine Idee, was ihre Lebensaufgabe oder Mission sein könnte und die anderen 50 % haben zwar eine vage Idee, aber Angst, damit nicht genügend Geld verdienen zu können."

„Na, dann bin ich ja beruhigt", meinte Kimba, „dass ich damit nicht alleine bin."

Eifrig fuhr Pantera fort, die gerade so richtig in Fahrt gekommen war, und erst jetzt merkte Kimba, dass sie ein neues Buch in den Händen hielt. „Die Löwenliga III – Der Weg in die Championsleague" stand darauf. Sie schlug es in der Mitte auf, wo sie ein Lesezeichen hineingelegt hatte und referierte munter weiter:

„Deshalb gibt es zwei Ziele, Liebling, die wir uns für die nächsten Monate vornehmen müssen:

1. Unsere nächste Lebensmission zu finden und
2. uns helfen zu lassen, eine einzigartige Marke aufzubauen, um richtig Geld damit zu verdienen

And last but not least

3. zu lernen, wie wir trotzdem, oder gerade deshalb, weiterhin ein Leben in Balance führen können."

Sie legte dabei einen Augenaufschlag hin, wie ihn Kimba schon lange nicht gesehen hatte, hob ihr Glas und prostete Kimba zu.

„Auf uns, mein Schatz, und die neuen Erkenntnisse und Erfahrungen", sagte Kimba und hob ebenfalls sein Glas zum Prosten.

„Auf uns und die neuen Erkenntnisse und Erfahrungen – und unsere neue Lebensmission", sagte Pantera und nippte an ihrem Wein.

Kimba schmunzelte: „Du bist wirklich eine kluge Löwenfrau!"

„Yes. Auf zum nächsten Level unseres Löwenlebens", meinte Pantera und hob ihre Löwentatze zu einem Give-me-five.

Während Pantera aus der Küche noch etwas Käse und französlöwisches Baguette holte (sie hatte in der „Zeitschrift für die Löwenfrau" gelesen, dass Käse auch den Löwenmagen schließt), schlug Kimba das neue Buch auf, welches am Tisch lag und las halblaut:

„Wenn die Sonne aufgeht in Lafrika, dann weiß die langsamste Gazelle, sie muss heute schneller sein als der schnellste Löwe.

Wenn die Sonne aufgeht in Lafrika, dann weiß der schnellste Löwe, er muss schneller sein als die langsamste Gazelle.

Und egal ob du Löwe bist oder Gazelle ... du musst laufen!"

Dann las er weiter, was die Gründe sind, warum viele Löwen bei der Gazellenjagd so erfolglos sind:

1. Manche laufen zu spät los und die Gazelle ist dann schon weg. – Klar, die Schnellen fressen die Langsamen, das leuchtete Kimba ein, und wer nicht schnell ist, bleibt über, auch das verstand er.
2. Manche Löwen konzentrieren und fokussieren sich nicht auf eine Gazelle am Rand der Herde, sondern laufen nur der Herde nach, bis sie am Ende aufgrund der Vielfalt und des Sich-nicht-entscheiden-Könnens leer ausgehen. – Auch das leuchtete Kimba ein.
3. Die meisten Löwen machen den Fehler, die Gazellen nicht vorher zu studieren und deren Gewohnheiten zu prüfen. – Jetzt wurde es interessant! Wenn Kimba die Gazellen und ihre Gewohnheiten vorher etwas genauer studieren würde, dann reichte es, etwas langsamer laufen und er war trotzdem erfolgreich. Er würde die Gazelle dann nämlich am Wasserloch erwischen, wenn sie sich in Sicherheit wähnte. Das klang sehr clever!

Genau aus diesem Grund hatte er sich für LLKLUW – lebenslanges konstantes Lernen und Wachsen – entschieden. Es war gut, dieses Seminar zu buchen. Das spürte er ... und er freute sich darauf, die Referenten endlich persönlich kennenzulernen.

6
Wie werde ich reich? Versus: Der Weg zum Expertenlöwen!

Lono

Nun saßen Lono und seine Frau Löwina beim Seminar von Lion Wunderwuzzi in Lerlin gemeinsam mit hundert anderen Löwen, die gewillt waren, ihr Leben zu verbessern und endlich erfolgreich zu sein. Es musste doch die eine Technik zum Erfolg geben, da waren sich alle Teilnehmer sicher. Das Seminar war so ganz anders als alle Seminare, die Lono und Löwina zuvor erlebt hatten. Wunderwuzzi war ein Freund der Esoterik und sein Publikum schien beinahe unter Drogen zu stehen. Daher dauerte es auch eine Weile, bis Lono und Löwina sich wohl fühlten, aber nach dem Mittagessen hatten sie sich einigermaßen akklimatisiert. Das Publikum war bunt gemischt. Vom Eso-Löwen in Sandalen bis zum gescheiterten Versicherungsmakler war alles dabei. Aber natürlich auch interessante und spannende Leute, wie Lono und seine Frau.

Wunderwuzzi erzählte viel aus dem eigenen Leben und wie er Niederlagen überwunden hatte, eine nach der anderen. Am Ende hatte man das Gefühl, sein Leben sei eine einzige Aneinanderreihung von Niederlagen gewesen, aber toll war es schon, wie er diese alle bewältigt hatte. Er stellte dem Publikum wenige Fragen und redete viel. Irgendwie klang alles sehr esoterisch und dann doch auch wieder wie eine Jahrmarktveranstaltung, aber da die Menge begeistert klatschte, klatschten Lono und Löwina einfach so lange mit, bis es ihnen zu gefallen anfing.

Mit zunehmender Dauer wurde es auch unterhaltsamer. Am Nachmittag fragte Wunderwuzzi zum Beispiel die Teilnehmer: „Sind Sie ein guter Manager?" Einige meldeten sich freiwillig und bejahten. Drei davon wählte er aus. „Stellen Sie sich doch mal auf den Stuhl", sagte Wunderwuzzi dann den Ausgewählten. Danach forderte Wunderwuzzi zwei von ihnen auf, sich eine Mütze aufzusetzen. Einer musste sich sogar ein Kopftuch umbinden. Jetzt kam von Wunderwuzzi die Anweisung: „Brüllen Sie doch mal ‚Helau!' und zwar ganz laut, damit auch die im Nachbarseminar Sie noch hören können!" Zögernd begann der Erste zu schreien: „Helau!" Und kurz darauf schrien auch die anderen beiden: „Helau!"

Jetzt kam Wunderwuzzi mit der ersten schlauen Lektion des Tages: „Sie sind keine guten Manager. Denn ein guter Manager würde nie auf einen Stuhl steigen, einen Hut oder ein Kopftuch aufsetzen und Helau brüllen. Es sei denn, er steigert dabei den Umsatz um 20 %. – Und hat Ihnen das, was Sie gerade gemacht haben, Umsatz gebracht?"

Dann brachte Wunderwuzzi unzählige Beispiele von erfolgreichen Verkäufern und wie sie es geschafft hatten, ihre Umsätze mit Tricks und speziellen Methoden zu erhöhen. Er stellte dabei auch nochmals LLP, das Leolinguistische Programmieren vor, zeigte wie leicht Löwen manipulierbar sind und machte den ganzen Nachmittag weiter mit verschiedenen manipulativen Verkaufstechniken und vielem mehr.

„Eine Technik ist besser als die andere", dachte Lono bei sich. Dieser Wunderwuzzi vermischte die Welt des Verkaufs mit der Welt des Managements und erzählte viel über neue Managementtechniken, unter anderem von Management by Champignons (die Mitarbeiter im Dunkeln lassen, mit Mist bestreuen; wenn sich helle Köpfe zeigen, sofort absäbeln), über Management by Moses (das Volk in die Wüste schicken und auf Wunder warten), bis hin zum Management by Jeans (an allen entscheidenden Stellen Nieten einsetzen). Am Ende wusste niemand mehr, ob es eigentlich ein Verkaufs- oder ein halbes Managementseminar war. – Egal, das war Lono ja auch nicht so wichtig.

Nach der Nachmittagskaffeepause steigerte sich das Programm dann noch mit folgenden weiteren Managementtechniken:

- Partisanen-Management (auch Management durch Selbstüberlistung genannt): Selbst die engsten Mitarbeiter falsch informieren, damit die eigenen Ziele nicht erkennbar werden.
- Management by Ping-Pong: Jeden Vorgang so lange hin- und herleiten, bis er sich von selbst erledigt hat.
- Management by Schaukelpferd: Permanent in Bewegung sein und doch nicht vorwärtskommen.
- Management by Surprise: Nicht handeln und sich überraschen lassen, was dann passiert.
- Bis hin zu Management by Helikopter: Über allem schweben, von Zeit zu Zeit auf den Boden kommen, viel Staub aufwirbeln und dann wieder ab in die Wolken.

Wie wild machten sich die Leute Notizen, um die neuen Methoden gleich am Montag selbst zu testen. Die Begeisterung der Menge steckte an.

Auf die Fragen des Publikums wollte Wunderwuzzi nicht so gerne eingehen – es wären ja noch zwei Tage Zeit, an denen nahezu alle möglichen Fragen abgearbeitet würden, sagte er nur. Aber Tatsache war, Wunderwuzzi behauptete, es würden hier nur einzigartige Techniken und Methoden vermittelt, die es sonst nirgendwo auf der Welt gäbe. Wunderwuzzi beschloss, auch das Publikum zu hypnotisieren. „Wer möchte freiwillig mitmachen?", fragte er.

Die meisten waren sofort bereit, die Hypnosenummer mitzumachen. Kurze Zeit später fielen auch schon die Ersten in den Schlaf. Sehr beeindruckend, dachten Lono und Löwina.

„Machen wir da auch mit?", fragte Löwina ganz aufgeregt.

„Na klar, wir sind doch keine Beckenrandschwimmer!", entgegnete Lono mutig, füllte seinen Löwenbauch mit Luft und plusterte sich auf.

Gerne würden sie sich bereit erklären, den Erfolg mittels Hypnose programmieren zu lassen. Das klang alles sehr schlau und vielversprechend. Warum nicht probieren? Wäre ja nicht so schlimm, wenn das mit der Hypnose nicht klappt, aber toll wäre es schon. Einer der Assistenten von Wunderwuzzi, der durchs Publikum schlenderte, um Freiwillige für die nächste Hypnoseübung auszusuchen, war auf die beiden schon aufmerksam geworden und pirschte jetzt an sie heran, während das Programm weiterging.

„Zeigt auf! Meldet euch!", signalisierte er Lono.

Bei der zweiten Runde meldete sich Lono freiwillig und Löwina lief gleich mit ihm auf die Bühne. Und tatsächlich, als beide ein bis zwei Stunden später aufwachten, hatten sie keine Ahnung, was mit ihnen in der Zwischenzeit geschehen war. Auch als andere Löwen sie darauf ansprachen, dass beide mittels Hypnose auf der Bühne in Schlaf versetzt worden waren, hatten sie keine Ahnung mehr. Aber es hatte funktioniert. Sie waren beide felsenfest überzeugt: Sie waren im richtigen Seminar.

„Mein Gott, ist das alles aufregend!", flüsterte Löwina Lono noch ins Ohr, bevor sie müde in den Schlaf fiel.

Lono lag noch lange wach und dachte über alles nach, was er an diesem turbulenten Tag erlebt hatte. Hypnose, einen guruhaften Seminarleiter, die so verschiedenartigen Teilnehmer … eigentlich wäre das der perfekte Stoff für einen der Krimis, die er früher so gerne geschrieben hatte. Fehlte nur noch ein Mord! Aber schnell wischte Lono den Gedanken beiseite. Hier ging es darum, etwas zu finden, womit er genügend Lebensunterhalt verdienen könnte. Wenn sogar noch ein bisschen Luxus dabei herausspringen würde, umso besser! Es ging um nichts weniger als um die Zukunft von ihm und seiner Familie. – und er würde alle Anregungen aus diesem Seminar mitnehmen, die ihn dabei weiterbrachten!

Kimba

Nun saßen Kimba und Pantera in dem Seminar gemeinsam mit hundert anderen Löwen, die gewillt waren, ihr Leben zu verbessern. Das Seminar war ganz anders als alle Seminare, die Kimba und Pantera zuvor erlebt hatten. Löwisar sagte gleich zu Beginn, es wäre ihm wichtig, dass alle Beteiligten Spaß hätten und man lerne mit Spaß viel besser. „Lernen wie die Löwenkinder mit Freude, Spaß und Unterhaltung", war seine Devise. Er sagte, auf seiner Löwenakademie lernten die Löwen wie die jungen Löwen in der Schule und zwar ganz natürlich, ohne Stress und mit Freude. Wenn er merkte, dass die Leute unaufmerksam wurden, wie nach dem Mittagessen, dann baute er Witze oder Anekdoten ein, spielte Musik, machte Energieübungen oder bildete Workshopgruppen.

Nach der ersten Nachmittagskaffeepause hielt der bekannte Experte Zach Löwis einen Themenblock zu seinem Spezialgebiet „Zeitintelligenz".

Danach war wieder Löwisar an der Reihe, der aus seinen Erfahrungen als Unternehmer erzählte und davon, wie er vom Angestellten zum Entrepreneur wurde. Ganz besonders aufmerksam wurden Kimba und Pantera, als die Rede auf den Erfolgsquadranten kam. „Nahezu jeder Löwe beginne irgendwann als Angestellter oder Arbeiter", referierte der Vortragende. Das Spezielle am Angestelltendasein sei, dass der Angestellte sich verpflichtete, die Ideen seines Chefs voranzubringen, womit im eigenen Leben der Platz für eigene Ideen schon stark reduziert würde.

Dann rechnete der Seminarleiter vor, dass so ein angestellter Löwe, der bereits zu den Topverdienern zählte, von Januar bis Juni nur für Vater Löwenstaat arbeiten würde, also für das Firlefanzamt. Die Steuern würden ja dann gleich abgezogen. Von Juli bis August oder September würde so ein angestellter Managerlöwe dann für das Sozialsystem arbeiten und im Oktober noch für die Mehrwertsteuer, von all den Dingen, die er kaufen würde. Die Rechnung war logisch: Von 100 Leuros zog das Löwenfinanzamt beim Angestellten vor Auszahlung mal 30 bis 50 Leuros gleich ab, als Lohnsteuer. Danach würden nochmals, je nach Einkommenssituation, 25 bis 30 Leuros abgezogen werden, als Sozialversicherungsbeitrag, um die Beiträge für die Krankenkasse, Unfallkasse, Arbeitslosenkasse und Mindestpensionskasse zu bezahlen. Vom restlichen Geld dürften die angestellten Löwen dann ihre täglichen Bedürfnisse decken und davon nochmals circa. ein Fünftel Löwensteuern zahlen, in Form der Löwenmehrwertsteuer, die eigentlich Löwenwenigerwertsteuer heißen müsste.

Irgendwie war Kimba und Pantera plötzlich sehr gut klar geworden, warum sie, trotz so hohen Bruttoeinkommens, immer mit Geldknappheit zu kämpfen hatten. „Das war mir eigentlich so nie bewusst, Kimba, dass mehr als zwei Drittel unseres Einkommens für uns eigentlich gar nicht verfügbar sind, wenn wir angestellte Löwen bleiben", flüsterte Pantera Kimba in der Kaffeepause ins Ohr, während sich auch alle anderen Löwen angeregt über das Thema unterhielten.

Der wichtigste erste Schritt in der Karriereleiter wäre es, vom Stadium des Angestellten zu dem des Selbstständigen zu wechseln. Vielleicht in einem Bereich, wo man schon als Angestellter Erfahrungen gesammelt hatte. Oder noch eher in einem Bereich, für den man sich brennend interessierte und zu dem man sich schon viel Wissen angeeignet hatte.

Ein wichtiger Punkt war allen Anwesenden und auch Kimba jetzt klar: Erfolg im Angestelltendasein, aber noch viel mehr für Unternehmer, hätte mit Expertenstatus und Spezialisierung zu tun. In Zeiten, wo das Wissen der gesamten Löwenheit mehrere Jahrhunderte brauchte, um sich zu verdoppeln, waren Universalisten gefragt. Heute aber, wo sich das gesamte Wissen der Löwenheit alle zwei Jahre verdoppelt, wäre es genau umgekehrt. Experten würden immer mehr über immer weniger wissen und damit gefragter sein:

- als Problemlöser
- als Berater von Businessleadern und Politikern
- als Buchautoren und Referenten
- als Talkshowgäste
- als Sachverständige
- als Ärzte
- als Rechtsanwälte
- als Wissenschaftler und Forscher
- als Firmengründer

Experten würden ein Vielfaches eines Universalisten verdienen, kommunizierte der Seminarleiter. Er brachte das Beispiel des Feuerwehrlöwen Red Ladair, der seinen Löwenerben Millionen Löwendollar hinterließ, die er verdient hatte, als er damals als einziger Experte in der Lage war, im letzten Löwengolfkrieg brennende Ölquellen in Luwait zu löschen.

„Ich finde es toll, dass man sogar als Feuerwehrlöwe Experte sein kann", meinte Pantera nur.

„Aber in welchem Bereich könnte ich wohl am besten Experte werden?", grübelte Kimba und mit ihm grübelten mehrere Dutzend anderer ratloser Seminarteilnehmer.

„Darüber werden Sie später am Nachmittag und am zweiten Seminartag noch mehr erfahren", war die knappe Antwort.

Es war natürlich für Kimba einleuchtend, dass man als Experte mehr verdienen könne, als wenn man ein Universalist sei. Da fiel Kimba gleich die Situation ein, als er sich damals als aktiver Fußballjunglöwe seine Löwenpfote gebrochen hatte. Sein Hausarztlöwe wollte ihm anbieten, die gebrochene Löwenpfote zu operieren, mit dem Argument, er hätte vor drei oder vier Jahren eine ähnliche Operation bei einem anderen Löwen recht erfolgreich abgewickelt. Aber Kimba entschied sich dann doch eher dafür, den bekannten Spezialisten Dr. Lüller-Lohlfahrt zu konsultieren. Dieser verwies ihn an einen Orthopädie-Kollegen, spezialisiert auf Sportverletzungen an Löwenpfoten, der solche

Operationen für Löwen mehrmals täglich durchführte und auch ihn erfolgreich operierte.

Aber die erste ganz große Frage war nun: Auf welchem Gebiet könnte man überhaupt Experte werden? Als er noch immer nachdachte, fiel ihm der Satz ein: „Ein Experte ist jemand, der auf einem bestimmten Gebiet alle erdenklichen Fehler, die man nur machen kann, selbst gemacht hat."

7
Wo verdiene ich besonders gut? Versus: Was kann ich besonders gut?

Lono

Der zweite Tag begann mit einem geheimnisvollen Vortrag von Wunderwuzzi zum Thema „Das Geheimnis der Geheimnisse". Das Einzige, was Lono wirklich interessierte, war der Teil, der im Anschluss daran kam. Und zwar sollte es heute darum gehen, in welchen Märkten das meiste Geld zu verdienen sei. Eines war klar: Die Babyboomergeneration hatte alle wichtigen Trends der letzten 30 bis 50 Jahre mitbestimmt und würde auch die nächsten mitbestimmen. Der Gesundheitsmarkt war für jene Löwen, die gerade in die Jahre gekommen waren, natürlich ein boomender Markt, ebenso wie Abnehmen, Reisen und Wellness.

Wunderwuzzi hatte einige bekannte Networker eingeladen, wie unter anderem Meister Richie Rich, der von seinen Erfahrungen beim Aufbau eines weltweiten Networkingvertriebes mit einem Produkt des Gesundheitssektors erzählte. Das Networkingprodukt war eine Frucht aus dem Land der sieben Löwen hinter den sieben Bergen, die schlichtweg alles heilte und zudem 80 % der Krankheiten prophylaktisch verhinderte und dabei noch binnen zwei Monaten 20 kg abnehmen half. Die Monatsration war zum unglaublichen Sonderpreis für nur 200 Leuros zu beziehen. Mit einer Upgradingvariante konnte man auch diese Summe kurzfristig verdoppeln, wenn man unbedingt wollte.

Dann kam als nächster Redner der mit 140 kg leicht übergewichtige Limbo Löwenzahn, der einen Finanzvertrieb leitete und mit einem neuartigen Pensionsvorsorgeprodukt für alle Katzen den Markt gerade neu definierte. Er erzählte, wie er, nachdem er langzeitarbeitslos war, dieses Geschäft kennengelernt hatte und binnen 36 Monaten nicht nur zum mehrfachen Millionär, sondern auch zum Yachtbesitzer in Monte Larlo und zum Besitzer eines wunderschönen roten 12-Zylinder-Lerraris wurde.

Das Produkt, das er anbot, faszinierte Lono natürlich sofort und insbesondere die extrem hohen Provisionen in Höhe vom zehnfachen der monatlichen Prämie hatten es ihm angetan. Lono wollte endlich etwas finden, wo er sehr schnell sehr viel verdienen konnte. Was das war, war zunächst zweitrangig. Auch seine liebe Frau Löwina dachte, Geldverdienen sei für den Anfang das Wichtigste, wenn diese Basis erst mal da wäre, könne man ja weiter überlegen. Also gab sie Lono recht.

Am Abend standen Lono, Löwina und die anderen noch lange an der Hotelbar zusammen. Nach einigen Löwenbräu wurde fleißig mit Limbo Löwenzahn und Richie Rich Visitenkarten getauscht. Löwenzahn lud Lono und Löwina für das kommende Wochenende dann auch noch auf ein eigenes Seminar ein, bei welchem sie binnen zwei Tagen zum „Schnellen-Geld-verdienen-im-Finanzdienstleistungsbereich" geschult werden sollten. Nach mehreren Löwenbräu in Kombination mit einigen Killiamsbirnen, auf die Lono und Löwina von Limbo Löwenzahn eingeladen wurden, sah Lono die Leurozeichen in seinen Augen schon leicht doppelt, bevor er und Löwina kurz nach Mitternacht leicht angeheitert auf ihr Zimmer wankten.

Kimba

Der zweite Tag begann mit einem mitreißenden und unterhaltsamen Vortrag von Peter Löwenau zum Thema „Ohne Sinn ist alles sinnlos". In der Kaffeepause unterhielten sich alle angeregt und die Mehrheit der Teilnehmer war begeistert vom Tiefgang dieses Seminars und wie es sich von Stunde zu Stunde steigerte.

„Ich finde das Seminar ist wie ein guter Aufguss in der Löwensauna", sagte Kimba lachend zu Pantera. „Es steigert sich so richtig von Stunde zu Stunde und es läuft mir beim Nachdenken über die Themen so richtig prickelnd über den Rücken."

Am zweiten Tag des Seminars ging es noch mehr in die Tiefe. Jetzt hielten Paolo Löwisar und seine beiden Kollegen Peter Löwenau und Zach Löwis, die sich nun beim Referieren abwechselten, immer weniger Monologe und Vorträge, sondern bildeten Workshopgruppen, die miteinander arbeiteten.

Alle drei Experten gingen immer wieder zwischendurch, wenn die Gruppen am Erarbeiten von Ergebnissen waren, von Gruppe zu Gruppe, um die Teams zu unterstützen und diverse Fragen zu beantworten. Von Zeit zu Zeit wurden dann die Zwischenergebnisse jeweils wieder gemeinsam mit dem gesamten Auditorium diskutiert.

„Heute wird der Tag der Verwirrung für viele sein", kündigte der Seminarleiter jetzt an. „Es wird ein bisschen wie Aquariumputzen. Wer von euch hat ein Aquarium zu Hause? – Diejenigen, die jetzt die Hand gehoben haben, wissen wovon ich spreche. Gestern haben wir mit dem Putzen begonnen und den Schlamm am Boden aufgewirbelt. Heute ist das Aquarium erst mal so richtig verschmiert. Aber im Laufe des Nachmittags und heutigen Abends, für manche vielleicht auch erst morgen, wird vieles klarer werden. Also keine Sorge, Leute. Und jetzt lasst uns endlich starten mit dem zweiten Seminartag – und der wird heute weniger ein Seminar denn ein Workshop sein. Heute Vormittag lautet die Frage: Was kann ich besonders gut?"

Kimba saß vor einem leeren Zettel und rätselte: „Was kann ich eigentlich besonders gut?" Schon bei der Übung davor musste er lange nachdenken, als er die Erfolge des eigenen Lebens zusammengeschrieben hatte. Jetzt sollten die beiden Themenblöcke miteinander verknüpft werden. Ja, natürlich gab es einiges, worin er gut war. Er hatte in der Jungschauspielgruppe für Löwen an der Schule viel Spaß gehabt. Dann war er beim Löwenjugendsingen immer der Moderator, weil er das besonders gut konnte. Er hatte Charme und deswegen war er nicht nur erfolgreich bei den Junglöwinnen, schon lange bevor er seine geliebte Pantera zur Frau nahm, sondern auch im Geschäftsleben. Und schon fiel Kimba ein Erfolgserlebnis nach dem anderen ein und er begann, alles niederzuschreiben. Bei jedem Erfolgserlebnis stellte er sich die Frage: „Welches meiner Talente oder welche meiner Begabungen war an dem Erfolg beteiligt?" Und in weiterer Folge beantwortete er sich dann auch noch die zweite wichtige Frage: „Welche meiner Fertigkeiten, die ich mir irgendwann einmal angeeignet hatte, waren mitbeteiligt?" Schon bald waren zwei DIN-A4-Seiten vollgeschrieben.

Als nächste Übung sollten die Teilnehmer herausfinden, was die größten Erfolge ihres bisherigen Lebens waren, wo sie an sich Qualitäten entdeckten, von denen sie bis dato selbst nichts wussten. Und sie sollten herausfinden, welche ihrer Talente und Fähigkeiten ihnen dabei behilflich waren. Kimba und Pantera hatten sich aufgesplittet und waren bewusst in unterschiedliche Vierergruppen gegangen. Jeder machte die Übung für sich alleine und am Ende tauschte man sich in der Kleingruppe aus.

Kimba waren ganz unterschiedliche Erfolgserlebnisse eingefallen. Zum Beispiel damals, als er seinen Freund Peter Löwitschak vor einem ganz schweren Fehler bewahren konnte, als dieser sich nach acht Löwenbräu und einigen Killiamsbirnen ins Auto setzen wollte, nachdem er sich von der langmähnigen Löwipam, die so schöne große Augen hatte, getrennt hatte und tief traurig war. Er hatte ihn damals als guter Freund gecoacht und ihm geholfen, die Lebensfreude wiederzufinden.

Oder damals, als er seine liebe Pantera zum ersten Mal in der Tigertanzschule in der anderen Tanzgruppe gesehen hatte und danach mutig zu ihr hingegangen war, um sie auf einen Löwencappuccino einzuladen, obwohl sie von unzähligen Junglöwen umringt war. Er war damals so stolz auf sich gewesen – den ganzen Abend war er so charmant, unterhaltsam und kurz danach hatten sie sich zum ersten Mal geküsst.

Oder damals, als er seiner Löwenmutter beigestanden hatte, die mit Löwenkrebs erkrankt war. Der Löwendoktor meinte, sie sei unheilbar krank und hätte nur mehr maximal zwei Jahre zu leben. Er hatte seiner Mutter wieder Motivation gegeben, viel Zeit mit ihr verbracht und sie lebte jetzt, nach acht Jahren, noch immer. Jedes Jahr hatte sie daraufhin dem Löwendoktor eine Weihnachtskarte geschrieben mit dem Text „Alles Gute – mich gibt es immer noch!" und sie mussten immer beide lachen, wenn sie darüber sprachen. Nur letztes Jahr war der Brief an den pessimistischen Löwendoktor zurückgekommen mit dem Hinweis: Empfänger verstorben.

Und dann fiel Kimba natürlich noch ein, wie das von ihm geleitete „Projekt zur Förderung gesundheitsfördernder Produkte" bei Tiger & Meyer ein voller Erfolg wurde und letztlich nicht nur Müller-Wechselhaft, sondern besonders auch LEO Rick Löwenherz aufgefallen war.

Das machte Kimba innerhalb der Firmengruppe zum Work-Life-Balance-Manager und er konnte viel innerhalb der Firma dazu beitragen, dass die Geschäftsleitung von sich aus Maßnahmen ergriff, um ihren Mitarbeitern ein ausgeglicheneres Leben zu bieten, ein Leben in Balance. Vielleicht war das doch sein Ding, aber nicht nur für Tiger & Meyer, sondern auch im Großen.

„Heureka, genau! Das könnte es sein!", dachte Kimba bei sich. Immer mehr Fachzeitschriften griffen in letzter Zeit dieses Thema auf und damit lag dieser Bereich voll im Trend. Also würde es auch einen Markt dafür geben. Ich glaube, ich bin auf der richtigen Spur, stellte Kimba für sich selbst fest, als ihm abends beim Einschlafen am zweiten Seminartag das Thema immer noch nicht aus dem Kopf ging.

8
Wie bitte geht's zum Erfolg?

Lono

Der dritte Seminartag war gekommen. Obwohl das Programm erst um 9.30 Uhr startete, waren noch immer viele Plätze frei, da einige aufgrund des gestrigen Überlebenskampfes an der Hotelbar noch nicht aus dem Bett gekommen waren.

Heute Morgen referierte Wunderwuzzi nochmals eingehend über seine Erfolge und wie in den Wachstumsbranchen das schnelle Geld zu verdienen war. Erneut wurden alle Techniken zusammengefasst, die schnell zum Verkaufsabschluss führen sollten. Das Prinzip „ANHAUEN-UMHAUEN-ABHAUEN" wurde nochmals detailliert analysiert. Dann berichteten erfolgreiche, von Wunderwuzzi geschulte Verkäufer, wie man es schaffte, die Kunden so über den Tisch zu ziehen, dass diese die dabei entstehende Reibungshitze als Nestwärme wahrnehmen würden.

Im Anschluss gab es von Wunderwuzzi praktische Verkaufsbeispiele anhand folgender Rollenspiele:

- Wie verkaufe ich dem Beduinen einen Sack Sand?
- Wie verkaufe ich einem Dressurreiter einen Ackergaul?
- Wie verkaufe ich einem Tauben eine Stereoanlage oder einem Blinden den neuesten Plasma-TV?

Lono und Löwina waren, obwohl zwischendurch phasenweise vielleicht leicht verunsichert, am Ende dank der grandiosen Verkaufstechniken von Meister Wunderwuzzi doch höchst beeindruckt und beschlossen, unbedingt mit der Umsetzung noch innerhalb der empfohlenen nächsten 72 Stunden zu beginnen.

Für das Selbststudium kaufte Lono noch schnell einen Heimvideokurs zum Thema Verkauf, der am letzten Seminartag zum unglaublichen Preis von ca. einen Viertel seines Monatseinkommens angeboten wurde. „Extremst verbilligt", wie Wunderwuzzi betonte. Normalerweise würde diese Videoseminar mindestens einen guten Monatsverdienst von ihm kosten.

Zu Hause angekommen warf Lono gleich die erste DVD in den LÖWE-Player und begann mit dem Selbststudium. Drei Stunden waren es noch bis Mitternacht und Lono war so fasziniert von den Worten von Wunderwuzzi, dass er das TV gar nicht mehr abstellen wollte. Obwohl ihm Löwina schon mit anfänglich noch mit verlockender, verführerischer Stimme, danach etwas schärfer, aufgefordert hatte, doch zu ihr ins warme Bett zu kommen, hockte Lono noch immer vor dem Fernseher und bevorzugte die Gegenwart des stimmgewandten Wunderwuzzi anstelle der weiblichen Reize seiner Löwin. Als Lono dann lange nach Mitternacht endlich unter die Bettdecke schlüpfte, schlief seine Löwina schon tief und fest.

Kimba

Der dritte Seminartag war gekommen. Vieles war Kimba bereits klar geworden, anderes aber noch nicht. Heute wurden gleich am Morgen einige ganz interessante Übungen angeleitet. Es begann mit einer Frage: „Wenn du hundertprozentig wüsstest, du kannst nicht scheitern, was würdest du beginnen oder was würdest du beenden, um nochmals neu zu starten?"

Die Antworten waren so vielfältig wie das Publikum. Einer gestand mit feuchten Augen, er würde gerne nochmals neu eine schöne Partnerschaft beginnen, weil er mit seiner aktuellen Beziehung total unglücklich sei. Trotz mehrerer Anläufe wären alle seine Versuche gescheitert. Seine Frau hätte eine Affäre, er flüchte sich in den Alkohol …

Ein anderer Löwe erzählte, er würde gerne ein Buch schreiben, aber er hätte es bisher nie gewagt, weil er noch nicht sicher sei, worüber er denn schreiben könnte.

Wieder ein anderer sagte, er würde sich gerne selbstständig machen, hätte auch schon eine Vision womit, fühle sich aber jetzt mit 48 Jahren irgendwie zu alt.

Der Seminarleiter griff das auf, um die Geschichte von Lay Lakrock zu erzählen, der mit 57 Jahren den Gebrüdern LacDonalds ihre Idee abgekauft hatte und erst dann begann, die erste internationale Fastfood-Konzernkette für Löwen aufzubauen, die vielen anderen Nachahmern wie Lörger King später als Beispiel diente. Selbst seiner Sekretärin konnte er in der Anfangszeit nicht genug bezahlen und versprach ihr stattdessen, er würde sie zur Millionärin machen, wenn sie trotzdem bei ihm bliebe. Als der Konzern einige Jahre später an die Börse ging, erhielt sie mehrere Millionen LS-Dollar.

Nun ging es darum, eine Liste zu erstellen, mit Dingen, die man gerne tut. Auf Kimbas Liste landeten unter anderem folgende Punkte:

- Reisen
- Lesen
- Lernen/Weiterbildung
- Anderen helfen
- Sport (u. a. Laufen, Fitnesscenter, Bergwandern, Rad fahren, Ski fahren, Tennis, Golf)
- Kochen
- Essen

- Coachen
- Schreiben
- Sprechen
- Präsentieren
- Cabrio fahren

Jetzt wurde esrichtig spannend. „Stell dir vor, der Geist aus Aladins Wunderlampe lässt dir 100 Wünsche frei …", fuhr der Seminarleiter fort, als sie die Ergebnisse der vorangegangenen Übung in der Gruppe besprochen hatten.

Kimba begann nachzudenken. Welche Dinge würde ich gerne noch tun in meinem Leben? Welche Dinge würde ich gerne noch besitzen? Wohin würde ich noch gerne reisen? Welche Fertigkeiten würde ich noch gerne erlernen? Welche Sprachen sprechen? Welche Sportarten ausprobieren?

Am Anfang schienen ihm hundert Punkte echt viel zu sein. Er begann zaghaft zu schreiben:

- Pumanisch lernen
- Meinen Schwager in Tigraindien besuchen und das Land erkunden
- Den Flugschein machen
- Einen Löwaghini besitzen
- Mit der Harley Löwinson von Lö Vegas nach San Franzisko fahren
- Löwendrachen fliegen
- Eine Villa in Lailand am Meer kaufen
- Eine CD im Musikstudio aufnehmen
- Ein Penthouse in Lew Lork besitzen
- Eine Yacht in Lownaco kaufen
- …

Nach 93 Punkten hatte er bereits das Gefühl, 100 Punkte wären eindeutig zu wenig. Es beruhigte ihn, als der Seminarleiter von sich selbst erzählte, er führe diese Liste seit Jahren und man dürfe jährlich jene Sachen, die man sich erfüllt habe, entfernen und durch neue Wünsche und Ziele ersetzen. Interessant sei, dass durch die Fokussierung auf diese Ziele jährlich mindestens 10 bis 20 Wünsche weggestrichen werden könnten.

Die nächste Übung nannte sich die 5 Millionen-Leuro-Übung. Der Seminarleiter erzählte zur Einleitung eine Geschichte: „Stell dir vor, du erbst von einer reichen Erbtante 5 Mio. Leuro. Du erhältst diese nach ihrem Tod ausbezahlt mit einer einzigen Auflage. Du musst ein Geschäft eröffnen und damit Geld verdienen. Du hast keinerlei Vorgaben, welche Art von Geschäft und keine Angaben bezüglich des Ortes. Von der Tauchschule auf den Leychellen bis zur Handelsfirma in Lew Lork ist alles möglich. Was würdest du machen?"

Kimba dachte nach und dachte nach … Irgendwie liebte er es, Löwen zu helfen. Er liebte es auch zu reisen. Er redete gerne und er organisierte gerne, darin war er echt gut. Seine Frau meinte, er wäre sehr taktvoll, aber trotzdem bestimmt, wenn er etwas durchsetzen wolle oder Rat erteilte. Er war ein guter, liebevoller und fürsorglicher Löwenvater für seine Kinder und ein guter Löwenmann. Irgendwie hatte ihn das Coachingthema in den letzten Jahren immer wieder begleitet, in den letzten beiden Tagen war ihm das noch bewusster geworden. Welche Geschäftsidee ließ sich daraus entwickeln?

Am Ende des dreitägigen Workshopseminars hatte die Mehrheit der Teilnehmer Klarheit darüber gefunden, was ihr Ding war und wie sie ihr Lebensdrehbuch nun umschreiben könnten. Für Kimba und Pantera gab es aber noch zu viele offene Fragen.

„Was meinst du? Wollen wir den Seminarleiter fragen, ob er auch Einzelcoachings anbietet?", fragte Pantera Kimba am Ende des Seminars.

„Ja, wir fragen mal, was das kostet", meinte Kimba. „Er sagte ja gestern, er mache für die ersten drei, die sich nach dem Seminar melden, einen Schnupperpreis."

Entschlossen gingen sie zur Bühne. Der Seminarleiter war gerade damit beschäftigt, den Teilnehmern persönliche Widmungen in ihre gerade gekauften Bücher zu schreiben. Endlich waren auch Kimba und Pantera an der Reihe. Nachdem einige Bücher, die sie als Geschenke mitgenommen hatten, für Freunde signiert waren, sagte Pantera: „Wir würden uns für ein Coaching interessieren, eventuell auch gemeinsam als Paar. Wir befinden uns gerade in einer beruflichen Veränderungsphase und das wird sich auf die ganze Familie auswirken." Kimba nickte nur.

Schnell einigten sich die drei auf einen für alle Seiten fairen Löwenpreis und vereinbarten einen Termin. Zum Abschied wurden Telefonnummern getauscht.

9
Was liegt im Trend? Versus: Was ist mein USP?

Lono

Lono besuchte gleich am kommenden Wochenende das Seminar von Limbo Löwenzahn. Löwina hatte es sich kurzfristig anderweitig überlegt und war nicht mitgekommen, weil sie das Thema Finanzanlagen weniger interessierte. Die ganze Woche war die Stimmung schon gedrückt, weil Lono wieder sehr viel arbeitete und kaum zu Hause war.

Limbo Löwenzahn stand gleich am Eingang des Seminarraums im dunkelgrauen Anzug mit blauer Krawatte. Er begrüßte Lono persönlich mit seinem breitesten Lächeln. Hätte er keine Ohren, würde er im Kreis grinsen, dachte Lono.

15 Großkatzen waren zum Seminar gekommen und zwar neun Löwen und sechs Leoparden, es war also eher ein kleines Seminar, als eine Art Workshop konzipiert. Am Vormittag referierten Löwenzahn und ein alter Vertriebslöwe aus der Konzernzentrale des vermarktenden Versicherers namens Multilöw über Wirtschaftskrisen, Währungskrisen, Inflation und Deflation, Instabilitäten, Pensionsproblematik und Worst Case-Szenarien wie Verfall des Löwendollars und Gefahr eines Crashs des Tiger-Euros. Am Nachmittag wurden dann sichere Anlageformen in Form von Lebensversicherungen in Kombination mit Krankenversicherungen vorgestellt und wie man diese ganz einfach an den Mann bringen könne. Lono schrieb fleißig mit.

Am Abend gab es dann unzählige Ehrungen diverser Junglöwen, die neu im Geschäft waren und gleich im ersten Monat sensationelle Umsätze gemacht hatten, indem sie ihre Familien und Freunde – so der propagierte Wortlaut – mit Pensionsvorsorgeprodukten vor einer späteren Verarmung beschützt hatten, da das staatliche System für die Altlöwen später nicht mehr ausreichend sorgen würden. Es wurden silberne Löwenzähne als Anstecknadeln verteilt und natürlich auch ein „must-produkt" in Form eines silbernen Sektquirls. Dieser sollte helfen, die Perlen im Sekt und Champagner zu entfernen, da solche erfolgreichen Löwen aufgrund der Vielzahl der jetzt bevorstehenden Feiermöglichkeiten ja sonst dauernd mit einem Kohlensäureüberschuss konfrontiert wären.

Lono war zutiefst beeindruckt. Er sah sich schon selbst den silbernen Löwenzahn als Anstecknadel von Limbo Löwenzahn überreicht bekommen. Er konnte schon in Gedanken die Stimme von Limbo Löwenzahn hören, wie er ihn lobte für seine besonderen Verdienste. Bald würde er das erleben dürfen, denn er hatte jetzt das Gefühl, endlich etwas entdeckt zu haben, was ihn schnell reich machen würde. Schluss mit Durchschnitt. Jetzt geht es los, dachte sich Lono.

Danach gab es noch fast zwei Stunden weitere Ehrungen und Testimonials von Löwen und Leoparden, die schon länger dabei waren und für die Abendveranstaltung von Limbo Löwenzahn miteingeladen waren. Einige berichteten über die goldenen Uhren, die sie sich erarbeitet hatten, mit tollen Umsätzen als Prämien. Zwei durften sogar mitkommen auf die Reise nach Lio zum Larneval, weil sie den Preis der umsatzstärksten Löwen gewonnen hatten.

Anschließend gab es ein leckeres Löwendinner mit Gazellensteak und danach ging es ab zum Nachfeiern an die Hotelbar. Daran müsse er sich gewöhnen, hatte ihm Limbo Löwenzahn schon in der Pause des Seminars gesagt. Feiern sei innerhalb der Finanzlöwengruppe ganz wichtig – das war schnell klar geworden.

An diesem Abend wurde es an der Hotelbar wieder einmal spät für Lono, und zwar sehr spät. Jedenfalls war er am nächsten Tag, wie er merkte, mit Limbo Löwenzahn per du – ohne sich genau zu erinnern, wie es dazu gekommen war.

Kimba

Kimba und Pantera hatten ihr Schnuppercoaching mit Paolo Löwisar auf drei Wochen nach dem Seminar angesetzt. Der neue Coach war ohnehin in ihrer Stadt und so ließen sich die Dinge einfach verbinden.

Die Veranstaltung von Kimbas und Panteras neuem Coach und Mentor würde in einem Hotel im Stadtzentrum stattfinden, in dem er auch untergebracht war. Dort hatte er für seine Einzelcoachings, die er im Dreistundenrhythmus abhielt, um für jeden Einzelnen auch ausreichend Zeit zu haben, einen schönen kleinen Tagungsraum gemietet. Pantera und Kimba fragten an der Rezeption nach und folgten dann den Hinweisschildern bis zum Tagungsraum Laris. Die drei begrüßten sich wie alte Bekannte mit einer kurzen Umarmung und dann bestellte Kimbas neuer

Coach beim Roomservice Kaffee, Tee, Wasser und kleine Häppchen.

Pantera eröffnete das Gespräch, während sie an einer Tasse Tigertee nippte: „Ich hoffe, es ist kein Problem, dass wir das Coaching zu dritt machen, aber uns wäre es so am liebsten – ich will ja auch etwas lernen."

„Kein Problem", sagte ihr neuer Coach. „Der Kunde ist der Lion-King. Ihr könnt gerne aussuchen, wie es euch am angenehmsten ist. Heute geht es darum, dass wir für Kimba den USP finden? Habe ich das richtig in Erinnerung?"

„Absolut", antwortete Kimba. „Ich habe schon einige Ideen von deinem Seminar mitgenommen, aber uns fehlt noch der Feinschliff."

Der Coach zeigte zur Einführung einen kurzen Film, der den beiden anhand von Beispielen und Interviews mit anderen Teilnehmern weitere Impulse geben sollte.

„Was sagt dir denn dein Bauchgefühl? Oder zur ersten Coachingfrage: Was gefällt dir an deinem aktuell Job und was nicht?"

Kimba schoss los: „Ich liebe den Umgang mit Löwen, ich reise manchmal gerne und ich finde es toll, in meiner Firma ein Projekt umgesetzt zu haben, in dem es um mehr ganzheitliche Balance im Unternehmen ging. Da habe ich so eine Befriedigung verspürt, wie sonst nur selten."

Pantera fiel ihm ins Wort: „Ja, er war so begeistert, dass er jeden Abend, als er nach Hause kam, nur davon geredet hat."

Der neue Coach gab in eigenen Worten wieder: „Das bedeutet, das Thema ganzheitliche Balance hat dich fasziniert. Ich erinnere mich an deine Arbeiten in unserem Workshop. Alles was mit Sport und Ernährung zu tun hatte, war dir wichtig. Genauso wie das Coachen …"

Das Coaching von Kimba und Pantera dauerte über drei Stunden. Unter anderem wurden noch die Lebensmotive von Pantera und Kimba analysiert und dadurch wurde immer mehr klar, dass Kimba sich selbst in Richtung Coach entwickeln wollte.

„Das Gute ist", meinte Kimbas Mentor, „dass du aufgrund deiner Vorerfahrungen durch privates Coaching von Freunden schon Erfahrungen gesammelt hast. Coaching ist an sich auch ein ganz natürlicher Prozess. Die meisten von uns coachen von Fall zu Fall, ohne sich bewusst zu sein, dass es sich dabei um Coaching handelt. Wenn du, Pantera, zum Beispiel einer Freundin, die gerade von ihrem Mann verlassen wurde, liebevoll hilfst, indem du ihr gute Fragen stellst, damit sie gute Antworten findet, wie es jetzt weiter gehen könnte, dann coachst du schon in gewisser Weise. Wenn ihr euren Kindern helft, mit einem Problem fertig zu werden, welches ihr in eurer Pubertät genauso hattet, ohne dabei belehrend und schulmeisterlich zu wirken, dann coacht ihr ebenfalls. Als du deinen Freund damals vor einer größeren Dummheit bewahrt hast, der sich aus unglücklicher Liebe und Trennungsleid heraus etwas antun wollte und du hast ihm helfen können, dann hast du ihn gecoacht."

„Ja, aber ich habe das instinktiv getan. Ich habe das nie gelernt", meinte Kimba. „Ich würde es aber gerne lernen."

Dafür gibt es eigene Ausbildungsprogramme für Löwen, die Coaches werden wollen.

Sie beendeten das dreistündige Coaching mit einer neuen Terminvereinbarung und einem festen Löwentatzendruck.

10
Den Branchenführer beobachten! Versus: Analysiere deine Mitbewerber!

Lono

Die offizielle Ausbildung zum Finanzdienstleistungslöwen hatte begonnen. Lono hatte beschlossen, seinen alten Job bei Tiger & Meyer gleich zu kündigen, damit er mehr Zeit für die Einschulung in seiner neuen Finanzdienstleistungstätigkeit hatte. Auch Limbo Löwenzahn hatte ihm dazu geraten. Nett, wie Limbo war, organisierte dieser ihm gleich einen günstigen Arbeitsplatz bei ihm im Büro, wo er richtiges Telefonieren und Terminvereinbarungen lernen sollte. So war Lono gleich in seiner Nähe.

Am besten war, dass er sogar stundenweise neben Limbo Löwenzahn sitzen durfte. Nur so könnte Lono von ihm lernen, unter anderem, wie dieser telefonierte, um Termine zu vereinbaren. Das sah so leicht aus, war es aber in der Praxis gar nicht. Und natürlich wollte Limbo mit Lono die nächsten Wochen auch jede Menge gemeinsamer Kundentermine wahrnehmen. Auch dafür war es gut, wenn sie nah beieinander saßen, um sich gemeinsam darauf vorzubereiten.

Am liebsten wollte Limbo Löwenzahn gleich mit ihm gemeinsam am Dienstag nach dem Seminar eine persönliche Liste mit Zielkunden erstellen und Kundentermine vereinbaren, aber Lono wollte die ersten freien Tage lieber nutzen, um mit Löwina einkaufen zu fahren und sich ein bisschen von den Strapazen der beiden letzten Seminarwochenenden zu erholen. Sonst würde es zu Hause wieder nur Stress geben und da ging Lono gerne den Weg des geringsten Widerstandes. War ja auch nicht so lustig, wenn seine Löwina wieder sauer wäre, was leider in letzter Zeit ohnedies häufig vorkam.

Aber das war nicht der einzige Grund. Es ging auch um Richie Rich, den Gesundheitsproduktevertreiber, den Lono bei Lion Wunderwuzzis Seminar kennengelernt hatte. Dieser Richie Rich war so cool und verdiente Geld ohne Ende. Lono musste unbedingt herausfinden, wie das möglich war, und dafür brauchte er Zeit.

Lono hatte sich vorgenommen, sich kurzfristig Anfang der Woche mit Richie Rich zu treffen, der ihn am Sonntagabend angerufen hatte, um ihm ein besonderes Angebot zu unterbreiten. Wenn die Verdienstmöglichkeiten bei Limbo Löwenzahns Finanzvertrieb auch sensationell gut waren, wollte Lono natürlich vorher noch prüfen, ob nicht vielleicht bei Richie Rich noch mehr zu verdienen war. Jetzt war es ja ohnedies schon egal, nachdem er seinen alten Job gekündigt hatte. Jetzt ging es nur darum, wer ihm das meiste bezahlen würde oder die besten finanziellen Perspektiven bieten konnte. Irgendwie war es ja doch immer ein Tausch Zeit gegen Geld, dachte sich Lono. Außerdem wollte Lono die Möglichkeit haben, mehrere erfolgreiche Personen zu beobachten, bevor er sich endgültig entscheiden würde. Auch Löwina meinte, man solle nicht gleich die „Katze im Sack" kaufen, vor allem nachdem man selbst ja der Gattung der Raubkatzen angehörte. Nein, nichts überstürzen und erstmal zweigleisig fahren. Das Bessere wäre des Guten Feind, oder etwa nicht?

Ja, das ist okay, dachte Lono. Er wollte ja nicht gleich zu Beginn seine ganze Kraft in den Finanzdienstleistungsbereich werfen, um dann vielleicht drauf zu kommen, dass es gar nicht sein Ding ist. Nein, das wäre unklug, dachte er sich und Löwina gab ihm ein weiteres Mal recht. Zuerst mal mit halber Kraft mehrere Dinge vorsichtig ausprobieren und dann checken, was das Beste für ihn wäre. So war Lonos Entscheidung.

Kimba

Die offizielle Ausbildung zum Löwen-Coach hatte begonnen. Kimba hatte beschlossen, die Ausbildung noch einige Wochen parallel zum alten Job zu machen. Auch sein neuer Coach und Mentor hatte ihm das empfohlen, denn dann würde er bereits parallel zu seinem Gehalt mit ersten Coachings Geld verdienen und beginnen können, sich einen Kundenstock aufzubauen und müsste nicht vom gut bezahlten Job bei Tiger & Meyer gleich ins kalte Wasser der Selbstständigkeit springen – so ganz ohne Einkommen.

Gleich zu Beginn der Ausbildung zum Coach war es wichtig, dass sich Kimba mit dem Thema Positionierung beschäftigte. Wie sollte er sich positionieren? Um das herauszufinden, musste man erst einmal den Markt und die möglichen Mitbewerber analysieren.

Die Analyse der Mitbewerber ergab Folgendes: Es gab unter den Top 100 Löwentrainern insgesamt elf, die sich mit dem Thema Körper ansatzweise oder auch sehr intensiv beschäftigten:

- Vier waren ehemalige Iron-Lions, die ihre Erfahrung aus dieser Zeit in Form von Vorträgen und Seminaren wiedergaben, was aber wenig mit Leben in Balance zu tun hatte.
- Zwei waren ehemalige Bodybuilder, die nun über Ernährung referierten sowie parallel dazu zwei weibliche Ernährungsberaterinnen. Während es sich bei den ersten beiden ausschließlich um die Frage „Wie erschaffe ich mir meinen Traumkörper?" drehte, stand bei den beiden Frauen vorwiegend das Thema Gesundheit im Mittelpunkt.
- Einer war ein ehemaliger Arzt, der das Thema von der humoristischen Seite her begleitete, mit Schwerpunkt Ernährung.
- Zwei Kollegen waren ehemalige Manager von Großkonzernen und beschäftigten sich ausschließlich mit dem Thema Burnout-Prävention.

10 Den Branchenführer beobachten! Versus

Im ersten Moment war Kimba erschrocken, als er sah, dass bereits elf der Top-Lionsspeaker und Trainer das Thema aufgegriffen hatten. Aber sein Mentor sagte nur: „Keine Angst, Jesus-Lion war der erste Akademiebesitzer und seine zwölf Apostel und vier Evangelisten seine Trainer und Coaches. Während Löwe Petri Fischer war, war Lukilion Arzt. Jeder hatte sein Publikum, da ein Arzt niemals zu einem Fischer gegangen wäre und umgekehrt. Wir müssen herausfinden, wofür du authentisch stehst und was dein Zielpublikum ist!"

Das war leicht zu definieren. Kimba war ein Familienlöwe und hatte Jahre seines Lebens als erfolgreicher Manager in einem mittelständischen Unternehmen zugebracht, das international tätig war. Er stand weder für Iron-Lions noch für Bodybuildinglöwen und sein Hauptthema war auch nicht Ernährung, obwohl dieses Thema im Zuge der Ganzheitlichkeit natürlich eine Rolle spielte. Er war ein ehemaliger Managerlöwe, mit dem sich Tausende von Managerlöwen in den diversen Firmen, die selbst auch Familie hatten, und sich täglich fragten, wie sie trotz Job ausgeglichen leben könnten, identifizieren würden.

Die Positionierung war also schon ziemlich klar. Kimba, der „Du-bist-einer-von-uns-Löwe", der für Ganzheitlichkeit und Work-Life-Balance stehen würde. Jetzt musste nur noch ein gut klingender Name her.

„Life-Balance-Lion", schlug Kimbas Coach und Mentor vor –und der Vorschlag wurde so überzeugend vorgetragen, dass es fast wie ein Befehl klang. „Ein guter Rat von mir, lass dir den Begriff gleich schützen. Du benötigst die Lions-Webadresse und die LING- und Lacebookadressen … also los! Bei den anderen Dingen helfen dir mein EDV-Spezialist Lario und unser Spezialist für Lions-Webpositionierung Lion-Lendel."

Zwölf Minuten später waren alle Begriffe geschützt und 40 min später eine Wort-Bildmarke, also ein Logo, beantragt.

11
Wo will ich in drei Jahren stehen – und wie komme ich dort hin?

Lono

Richie Rich hatte mit Lono am Dienstag um 11.30 Uhr ein Treffen in seinem Büro vereinbart. Da Löwina darauf bestanden hatte, dass Lono sie davor noch zu Dolce & Löwbana begleitete, um dort ein Kleid abzuholen, das sie sich hatte zurücklegen lassen, war er jetzt schon beinahe zu spät dran für seinen Termin. Noch dazu hatte er den Verkehr in der Innenstadt, wo Richie Rich sein Büro hatte, stark unterschätzt.

Das Büro lag direkt in der Fußgängerzone und im unmittelbaren Umkreis war es sehr schwierig, einen Parkplatz zu finden.

Nachdem Lono bereits zum dritten Mal die Runde mit seinem Wagen gemacht hatte, noch immer ohne einen Parkplatz zu finden, und es bereits 11.53 Uhr war, beschloss Lono, die Tiefgarage um die Ecke zu nehmen und kurz anzurufen.

„Leider wurde ich Zeuge eines Unfalls und musste noch auf die Polizei warten, um meine Zeugenaussage zu machen", begann er ungeniert zu flunkern. „Aber ich bin gleich da!"

„Kein Problem", meinte Richie Rich, „bis gleich."

Richie Richs Büro war in allerbester Lage im ersten Stock eines wunderschönen Stadtpalais gelegen. Im Eingangsfoyer verzierten Stuck und Fresken das Treppenhaus und ein roter Teppich bedeckte die Marmortreppe, die man zu seinem Büroeingang emporstieg. Eine hübsche Vorzimmerlöwin mit elegantem Loco-Chanel-Kostüm begrüßte ihn mit den Worten: „Mister Rich erwartet Sie schon."

Sie begleitete Lono den Flur entlang zu einem Büro am Ende des Ganges. Auf dem Weg dorthin standen alle Türen offen. Alles war sehr elegant. Die Räume waren allesamt geschätzte 3,5 m hoch und hatten wunderschöne Flügeltüren, die größtenteils offen standen. Ein Großteil der Belegschaft dürfte gerade zur Mittagspause sein, dachte Lono.

Die Vorzimmerlöwin öffnete die letzte Tür des Flures. Dahinter lag ein wunderschöner großer Raum mit geschätzten fünfzig Quadratmetern Größe und mit mehreren Fenstern, die hinunter auf die belebte Einkaufsstraße zeigten. Von einem Fenster aus sah man die große Kirche auf der anderen Seite der Einkaufsstraße. Es war ein Eckzimmer. In der rechten hinteren Ecke stand ein großer Glasschreibtisch. Neben einer englischen Bücherwand mit einem Kamin in der Mitte registrierte Lono auch noch eine Designersitzgruppe in der anderen Ecke des Raums. Auf diese steuerte nun Richie Rich mit einer einladenden Bewegung zu und streckte kurz darauf Lono die Vordertatze zur Begrüßung entgegen.

Mit angenehmer Stimme fragte die Sekretärin: „Darf es ein Cappuccino sein oder doch lieber Tee?"

„Tee, bitte!", antwortete Lono.

„Trinken Sie lieber grünen Tee oder schwarzen?", hakte die Assistentin nach.

„Heute mal grün", antwortete Lono.

„Dann kann ich Ihnen den Jungpana First Flash empfehlen", meinte Richie Rich. „Aber ich würde fast vorschlagen, wir verschieben das mit dem Tee auf nach dem Essen und ich lade Sie jetzt mal zum Mittagessen ins neue französische Restaurant La Cachette des Lion-Grand-Hotels vis-à-vis ein. Was halten Sie davon?"

Lono war positiv überrascht, dass er gleich beim ersten Treffen von Richie Rich ins teure Sternerestaurant eingeladen wurde, ließ sich dies aber in keiner Form anmerken. Der Oberkellner begrüßte Richie Rich wie einen alten Bekannten und da das Restaurant noch relativ neu war, konnte man davon ausgehen, dass Richie Rich hier wohl nahezu täglich ein- und ausging. Der Kellner empfahl das viergängige Menü mit Gazell au vin und davor das Zebraschaumsüppchen. Dazu bestellte Richie Rich eine Flasche Perrier und einen extrem teuren Chablis.

Als sie nach dem Dessert bei einem feinen Hippordeaux und Käse angelangt waren, fragte Richie Rich: „Wie sieht es denn eigentlich mit Ihren Zielen aus?"

„Na ja, ich habe viele Ziele – eine Villa mit Gästehaus und mindestens 1000 Quadratmetern Wohnfläche, eine Yacht, ein Privatflugzeug und eine Garage voll schneller und schöner Autos", sagte Lono lapidar.

Richie Rich fragte weiter: „Haben Sie Ihre Ziele irgendwo schriftlich fixiert?"

„Nein, wozu denn das?", entgegnete Lono und lachte dabei. „Die ändern sich ohnedies immer wieder!"

„Woher wissen Sie denn, dass Ihre Ziele nicht nur Träume und Wünsche sind?", wollte Rich wissen.

„Na ja, gibt es da so große Unterschiede?", fragte Lono.

Sie unterhielten sich noch angeregt eine knappe Stunde und danach fragte ihn Richie Rich, ob er ihn jetzt in sein Network einschreiben dürfe? Er müsse nur Zeit und 3000 Leuro für eine Grundausstattung investieren und schon wäre er mit dabei. Vor allem würde er aber in kürzester Zeit diesen Betrag zehnmal so hoch als Monatseinkommen sein eigen nennen und schon nach sechs Monaten könnte er Millionär sein, wenn alles gut geht – meinte Richie Rich. Lono war sprachlos und begeistert zugleich. Sofort, wenn er nach Hause käme, müsste er das Löwina erzählen. Er war richtig aufgeregt und unterschrieb gleich das Bewerbungsformular bei Richie Rich. Dann zückte er seine Kreditkarte für die erste Abbuchung.

Als Lono seinen Wagen aus der Tiefgarage holen wollte, stellte er fest, dass die Tankanzeige schon fast auf null war. Er wollte nicht liegen bleiben mit dem Ding, aber leider waren auch seine gesamten Kreditkartenkontingente diesen Monat schon ausgeschöpft und die Karte wurde vor drei Tagen eingezogen, weil das Konto schon wieder so stark überzogen war. So ein Mist, dachte sich Lono und bezahlte mit dem letzten Bargeld, das er noch eingesteckt hatte, das Parkticket, um den Wagen aus der Parkgarage zu fahren. Dann parkte er ihn wegen des leeren Tanks in der Nähe der Garage. Wenn der Wagen jetzt gestohlen würde, dann würden die Diebe wenigstens nicht weit kommen, nahm er es mit Humor. Maximal drei Straßenblöcke, dachte sich Lono. Aber er konnte darüber leider nicht lachen. Noch fünf Tage bis zu meiner nächsten Gehaltszahlung, dachte er nur. Es würde seine letzte Gehaltszahlung nach der Kündigung sein, danach war die Kündigungsfrist endgültig abgelaufen. Kurz überlegte er, ob seine Entscheidung zu kündigen so klug war, aber für Reue war es jetzt ohnedies zu spät. Ach das liebe Geld, immer das liebe Geld, dachte Lono.

Als Lono an diesem Tag mit der U-Bahn nach Hause fuhr, dachte ersich: Ich hoffe nur, dass diese ewige Geldknappheit bald ein Ende hat. Ich lebe doch so gerne im Luxus und meine Frau Löwina hat auch gerne so viele schöne Sachen. Es ist mir ganz egal, was ich in drei Jahren mache – Hauptsache es bringt viel Geld. Er schloss die Augen und träumte von seinem neuen Reichtum. Wie Dagobert Duck sah er sich im Geld schwimmen … Das können nicht nur Enten, sondern auch Löwen, dachte er und sah überall um sich herum goldene Leuromünzen im Pool seiner Prachtvilla im besten Wohnviertel von Lioncity.

Kimba

Kimba steckte bereits mitten drin, in der Ausbildung mit seinem neuen Coach. Fallweise begleitete er ihn zu seinen Coachingkunden, fallweise arbeiteten beide an der Theorie. Aber jetzt, nachdem er immer mehr von der Materie wusste, war es auch wichtig, die Ziele klar zu definieren. Wie sein Coach immer sagte: „Ein

Ziel muss folgende Kriterien erfüllen, um wirklich ein Ziel zu sein und nicht nur ein Traum oder Wunsch:

1. Das Ziel muss spezifisch und schriftlich sein dafür steht S
2. Es muss messbar sein dafür steht M
3. Authentisch dafür steht A
4. Realistisch dafür steht R
5. Terminiert dafür steht T

Also ein SMART-Ziel."***

„Definieren wir jetzt gemeinsam dein Ziel", sagte der Coach zu Kimba. „Du willst der Life-Balance-Löwe sein, ist das richtig?"

„Ja, das trifft es genau", sagte Kimba.

„Wofür genau stehst du?", hakte der Coach nach.

„Für ein Leben in Balance", antwortete Kimba, wie aus der Pistole geschossen.

„Ich will es noch genauer wissen – wofür stehst du und wofür nicht?"

Sein Coach war hartnäckig, wenn es darum ging, gute Antworten zu erhalten. Aber schließlich war das gut so, weil Kimba wusste: Die Qualität der Fragen, die wir uns stellen (oder von unseren Coaches gestellt bekommen) bestimmt die Qualität unseres Lebens.

„Ich stehe für ein Leben in Balance, das erreichbar ist durch gesunde Ernährung, Sport, Gesundheit, einen Job, der glücklich macht, Fitness, Glück, Zufriedenheit – und ich stehe nicht für reine Karrieregeilheit, Hamsterrad und Selbstzerstörung."

„Gut gebrüllt, Löwe", schmunzelte sein Coach. „Woran wirst du merken, dass du dein Ziel erreicht hast – wie wirst du es messen? Und wann wirst du es merken? Was ist der zeitliche Rahmen, bis wann es umgesetzt werden soll?"

„Ich werde heute in fünf Jahren am …", begann Kimba zu schreiben.

„Wie meinst du messbar?", fragte er dann nach.

"Wie vielen Löwen willst du helfen? Hunderten, Tausenden? Willst du Bücher schreiben, CDs verkaufen oder Videos drehen? Willst du Veranstaltungen machen?" Sein Coach gab sich nicht mit halbherzigen Antworten zufrieden.

„Ja, ich werde heute in fünf Jahren am … mit dir gemeinsam auf der Bühne der Lall-IANZ-Arena stehen vor mehr als 3000 Löwen. Ich werde bis dahin meine Bücher in einer Auflage von mindestens einer Million in mindestens fünf Sprachen veröffentlicht und verkauft haben. Bei meinen Großevents werde ich regelmäßig zwischen 3000 und 7000 Löwen willkommen heißen und pro Jahr will ich mindestens 50.000 Löwen mit meinen Seminaren und Vorträgen helfen und mindestens 500.000 mit meinen Büchern – das wären so meine ersten Ziele", sagte Kimba und strahlte dabei übers ganze Gesicht, als er es zu Papier gebracht hatte.

„Ich bin stolz auf dich!", meinte jetzt sein Coach und legte die Löwenpfote auf Kimbas Schulter. „Dieses Blatt kopierst du bitte für mich als deinen Coach und Mentor, der dir helfen soll, dieses Ziel zu erreichen. Parallel dazu verpflichtest du dich, dir selbst gegenüber mit einem Vertrag, den du auch unterschreibst, dass du diesen Traum erreichen wirst. Schreib bitte mit: Ich, Kimba, verpflichte mich hiermit, meine nachfolgenden Ziele bis … uneingeschränkt zum Nutzen meiner Kunden zu erreichen. Ort, Datum, Unterschrift."

Als Kimba an diesem Abend zu Bett ging, war er ganz besonders glücklich. Er küsste Pantera noch auf ihre nasse Schnauze und ehe er sich versah, waren beide unter der Bettdecke verschwunden.

12
Alles erst einmal ausprobieren! Versus: Prioritäten setzen!

Lono

Lono wusste: Alles im Leben, jede existierende Materie, war irgendwann einmal aus Gedanken entstanden. Und deshalb arbeitete er jetzt in Gedanken täglich an seiner Zukunft. Er hatte vor zwei Wochen, nach dem Seminar, damit begonnen. Nur beim Wünschen eines Parkplatzes war er leider noch ganz schlecht. Lion Wunderwuzzi hatte auf dem Seminar seine Zuhörer angeregt: „Wenn du losfährst und einen Termin in der Innenstadt hast, benötigst du ab sofort keine Parkplätze mehr. Du wünscht dir einen direkt vor dem Ort, wo du den Termin hast und es wird klappen!"

Leider wurde Lonos Wagen aber gestern auf Veranlassung der Löwizei abgeschleppt, weil er sich beim Umparken des Autos so über den wunderbaren Parkplatz gefreut hatte, dass er übersah, dass vor der Tiefgarage, in der sein Auto zuvor stand, eine Parkverbotszone war.

Seinen alten Job bei Tiger & Meyer hatte Lono ja gekündigt, aber er hatte sich kurzfristig von Herrn Müller-Wechselhaft, seinem alten Chef, überreden lassen, noch 30 h die Woche als Consultant für seine alte Firma tätig zu sein. Die Firma druckte ihm dafür sogar eigene Visitenkarten.

Nach der Erfahrung mit den gesperrten Kreditkarten wollte Lono doch lieber auf Nummer sicher gehen, das war auch die Meinung von seiner Frau Löwina. In der Aufbauphase konnte Lono sicher die 30 h bei Tiger & Meyer arbeiten und auch parallel dazu für Richie Richs Netzwerk tätig sein. Richie Rich war sehr umtriebig und so gab es zweimal die Woche Präsentationen für neu interessierte Kunden. Diese Woche hatte Lono schon zwei neue Leute gebracht.

Allerdings war da ja auch noch die Sache mit dem Finanzdienstleistungsvertrieb und seiner Einschulung zum Finanzdienstleistungslöwen. Warum hatten sich auch zwei so tolle Möglichkeiten parallel ergeben und dann noch das Angebot mit dem Consulting?

Limbo Löwenzahn rief ihn jeden Tag vier bis fünf Mal an und dann musste er vormittags die Telefontermine im Büro von Limbo erledigen und an den Wochenenden und am Donnerstagabend gab es noch die Kurse. Irgendwie war er schon wieder bei einer 70-Stunden-Woche angelangt. Aber mit etwas Disziplin ließe sich das sicher nach zwei bis drei Monaten auf 60 h reduzieren, dachte Lono.

12 Alles erst einmal ausprobieren! Versus

Man müsse jetzt faktisch die Gunst der Stunde nutzen. Das Leben sendet Möglichkeiten und man muss einfach alle ausprobieren, damit man nicht im Nachhinein das Gefühl hat, etwas versäumt zu haben. So sah Lono die Sache.

Man muss ja letztendlich auch nicht jede Entscheidung gleich treffen, sondern kann die eine oder andere auch aussitzen und abwarten, wie sich die Dinge entwickeln. Am Ende war es ja egal, womit man sein Geld verdiente, wenn am Monatsende nur genügend Kohle da war, die ganzen Rechnungen zu bezahlen. Das sah seine Frau Löwina genauso.

Während Lono so an seinem Schreibtisch im neuen Büro von Limbo Löwenzahn saß und sinnierte, läutete plötzlich sein Telefon. Richie Rich war dran: „Wo bleibst du, Lono? Es geht gleich los!"

Verdammt, er hatte die Präsentation heute Abend total vergessen! Noch dazu, wo doch Löwina heute Geburtstag hatte. Ein Geschenk für sie hatte er auch noch nicht besorgt und auch keine Blumen. Was sollte er bloß machen?

Lono rief Löwina an: „Du, Schatz, ich habe heute einen wichtigen Termin und zwar eine Präsentation bei Richie Rich. Ich komme leider später!"

Löwina fauchte ihn mit tränenunterdrückter Stimme an: „Und mein Geburtstag?"

„Den feiern wir am Wochenende, Schatz", antwortete Lono knapp. „Ich bin ohnedies noch nicht dazu gekommen, ein Geschenk zu besorgen und Blumen habe ich auch noch nicht. Wir holen das aber alles am Wochenende nach, keine Sorge. Ich muss jetzt Schluss machen, ciao."

Als Lono den Hörer auflegte, schluchzte Löwina los. Als Lono sieben Stunden später nach Hause kam, war die Wohnung leer. „Bin mit den Kindern bei Mutter", las er nur auf einem Zettel, der auf seinem Kopfkissen lag.

Kimba

Kimba wusste: Alles im Leben, jede existierende Materie, war irgendwann einmal aus Gedanken entstanden. Und deshalb arbeitete er jetzt in Gedanken täglich an seiner Zukunft. Seine „Gedankenwerkstatt" war ein ganz wichtiger Ort für ihn geworden. Denn er wusste: Gedanken schaffen Worte und Worte schaffen schlussendlich Materie. Jeder Stuhl, jedes Auto, jedes Haus war davor im Geiste eines Designers oder eines Architekten erschaffen worden, bevor es tatsächlich Materie geworden war. Diese Erkenntnis, dass wir alle die Designer unseres Lebens sind, war eine der wichtigsten Erkenntnisse, die er in der Zusammenarbeit mit seinem neuen Coach und Mentor gewonnen hatte.

Er hatte bereits erste Coachingkunden als Juniorpartner von seinem Mentor in der Akademie übernommen und sein Traum nahm immer mehr Gestalt an. Jetzt musste er nur noch den Mut haben, seinen alten Job bei Tiger & Meyer zu kündigen. Denn beides parallel zu meistern und dabei in Balance zu bleiben, war unmöglich. Damit er also selbst seinen Vorsätzen gerecht wurde, war dieser Schritt nun notwendig.

Auch sonst standen einige Entscheidungen an. Die meisten anderen Trainer und Speaker begannen mit ganz kleinen Seminaren mit drei bis fünf Teilnehmern, arbeiteten sich dann langsam auf Seminare mit zehn Teilnehmern hoch, dann irgendwann auf 30 bis 50 und so weiter. Kimbas Coach hatte Kimba aber eingeladen, am nächsten Wochenende gleich bei einem Löwen-Lifedesignweekend vor 300 Löwen aufzutreten. Er war nervös. Aber er würde es schaffen und er würde seine Sache gut machen. Davon war auch Pantera überzeugt.

Außerdem hatten die meisten Vortragenden bei anderen Veranstaltungen extrem langweilige Lionpointfolien und sein erfahrener Coach und Mentor hatte ihm geholfen, einen Vortrag mit Action, Spaß, einem Filmbeitrag und ganz wenig Folien auszuarbeiten. Dafür mit umso mehr netten Storys und Beispielen aus der Praxis. Überhaupt war das Erlernen des Storytellings eines der wichtigsten Ausbildungsbestandteile. Dabei ging es insbesondere darum, alltägliche Geschichten und Erfahrungen aus der eigenen Vergangenheit und des eigenen aktuellen Lebens spannend und unterhaltsam, aber vor allem mit einem Mehrwert für den Zuhörer, wiedergeben zu können.

Kimbas Coach hatte Kimba bereits ab der Hälfte der Ausbildung zum Löwencoach zu Firmenberatungen und privaten Coachings mitgenommen. Natürlich hatte er die Kunden vorher gefragt, ob sie damit einverstanden wären.

Das Spannende für Kimba war dabei: Auf diese Art und Weise, konnte er von Anfang an durch praktische Erfahrung lernen, also learning on practice, und nicht so wie bei manchen Coachingausbildungen langweilige Bücher büffeln, um dann später untrainiert auf Kunden losgelassen zu werden, was meistens danebengeht.

Da Kimbas Coach und Mentor so ziemlich alles anders machte als alle andern, wurde er auch ganz anders von seinen neuen potentiellen Kunden wahrgenommen. Es gab Trainer- und Coachingkollegen, die bereits seit 15 bis 20 Jahren am Markt waren, aber unbekannter waren als er, der Newcomer, der als Quereinsteiger erst wenige Jahre in der Branche tätig war. Aber sein Rezept ging auf und deshalb würde sich Kimba weiterhin von ihm coachen lassen. Trotzdem war es Kimbas ganz großer Wunsch, bald nicht nur im Kleinen zu coachen, sondern viele Löwen als Speaker und Coach bei großen Seminaren und Vorträgen zu inspirieren und zu motivieren.

Endlich war der Tag von Kimbas erstem großen Auftritt gekommen. In der Nacht davor war er sehr nervös und wachte schon um 4.30 Uhr morgens auf.

Obwohl er es versuchte, konnte er nicht mehr einschlafen. Immer wieder ging er in Gedanken seinen Vortrag durch. Dann sah er sich selbst vor den Leuten, wie diese begeistert waren und wie er ihnen helfen konnte, bei ihren persönlichen Problemen, Ängsten und Zweifeln. Diese Vision motivierte und inspirierte Kimba und gab ihm Kraft.

Wenige Stunden später war es soweit. Als Kimba hinter der Bühne in den Saal blickte, war dieser voll. „Wir mussten die hintere Zwischenwand entfernen und den Raum vergrößern, weil so viele gekommen sind, um dich zu hören", flüsterte ihm sein Coach von hinten ins Ohr. „Aber nur Mut, du schaffst das. – gib einfach dein Bestes!"

„Wie viele sind denn nun gekommen?", fragte Kimba kleinlaut.

„Über 500 sind gekommen, um von dir motiviert zu werden und Dinge zu erfahren, die ihnen helfen, ein erfolgreicheres Leben zu führen. Hörst du den Applaus? Du bist gerade anmoderiert worden. Also, raus mit dir jetzt und viel Erfolg. Du machst das schon."

Er drückte Kimba zum Abschied, bevor dieser energiegeladen auf die Bühne stürmte. In den ersten Sekunden war Kimba noch sehr nervös, aber als er in immer mehr freundliche Gesichter blickte, war ihm klar, er war hier an der richtigen Stelle angekommen. Nicht nur heute, sondern für die nächsten Jahre seines Lebens. Während des Sprechens hatte er manchmal das Gefühl, er würde geführt von irgendeiner Stelle, denn immer weniger benötigte er seine Notizen und Folien, immer mehr sprach er frei und konnte auf die Teilnehmer eingehen. Er wurde immer sicherer.

Die Zeit auf der Bühne verging wie im Flug, er hatte das Publikum sehr bald interaktiv auf seiner Seite und merkte schon jetzt, wie gut er bei den meisten Zuhörern ankam.

Am Ende seines Vortrages gab es für Kimba tosenden Applaus.

Danach kamen auch schon die ersten Nachfragenden und Interessenten zu ihm, die anfragten, ob ein Privatcoaching mit ihm möglich wäre. Das freute ihn natürlich besonders, genauso wie auch seinen Coach und Mentor, der von Anfang an ihn geglaubt hatte.

13
Das hatte ich befürchtet!
Versus: Jetzt erst recht!

Lono

Lono hatte erste Verkäufe im Finanzdienstleistungsbereich und auch schon einige Leute in seinen Nahrungsergänzungsvertrieb eingeschrieben. Er war mit seinen ersten Erfolgen als Networker zufrieden. Aber er hatte leider noch immer nicht die Klarheit, welches der beiden Projekte er forcieren sollte – irgendwie klangen beide nach der Millionenchance. Und er wollte weder Richie Rich noch Limbo Löwenzahn enttäuschen, die beide mit ihren Strukturvertrieben auf ihn setzten und es beide zu etwas gebracht hatten.

Na ja, und dann war da noch die Sache mit Löwina, die ausgezogen war, und natürlich belastete es ihn, dass sie und die lieben Löwenkinder jetzt nicht da waren, wenn er nach Hause kam. Darüber konnten ihn auch nicht die ersten Umsatzabrechnungen hinwegtrösten, die ins Haus flatterten und gar nicht so schlecht waren.

Irgendwann würde er Löwina anrufen oder überraschend mit einem Blumenstrauß besuchen, um sich zu entschuldigen – oder besser doch nicht? Nein, als Löwenmann musste man hart bleiben. Wenn er auf sie zuging, würde ihn das doch nur schwach aussehen lassen. Und eine Frau wie Löwina wollte einen starken Löwenmann. Oder nicht?

Wen konnte er jetzt, in dieser schwierigen Phase, um Rat fragen? Am besten, er riefe doch gleich mal seinen alten Kumpel Fritzchen Paradoxorus an, der mit ihm damals in der Löwenvolksschule die Schulbank drückte und heute bei Tiger & Meyer als Chauffeur bei CEO Richard Löwenherz arbeitete, nachdem ihm Lono zu diesem Posten verholfen hatte.

Fritzchen freute sich, als Lono ihn anrief und sie verabredeten sich gleich für eine Stunde später in der alten Bierkneipe, wo sie sich früher Abend für Abend nach Dienstschluss getroffen hatten, um nach Feierabend bei einigen Löwenbräu noch ein bisschen den Stress zu verarbeiten.

Die erste Runde war auch gleich bestellt und zur Feier des Tages noch ein Safarimeister auf ex dazu.

Fritzchen war sehr verständnisvoll, er hatte eine Zeit lang auch bei Tiger & Meyer, nebenberuflich bei einem Kaffeenetzwerkvertrieb und noch hin und wieder als Aushilfstaxifahrer gearbeitet, um das Geld für sein neues Reihenhaus zu erwirtschaften. Ihm war außerdem damals seine zweite Frau weggelaufen und die dritte dann auch noch, also konnte er mitfühlen, wie es Lono jetzt ging.

„Mach dir nichts draus, sie kommt schon wieder zurück, wenn ihr das Geld ausgeht", versuchte Fritzchen Lono zu trösten.

13 Das hatte ich befürchtet! Versus: Jetzt erst recht!

„Und wenn nicht?", fragte Lono. „Ihre Eltern werden ihr sicher mit einigen Leuros unter die Arme greifen."

„Dann war sie es sowieso nicht wert!"

Bezüglich der Netzwerkvertriebe war Fritzchen unbedingt dafür, mehrgleisig weiterzufahren. „Man muss im Leben immer auf Nummer sicher gehen!", war sein Ratschlag.

„Warum hattest du denn damals eigentlich den Netzwerkvertrieb mit dem Kaffee aufgegeben?", fragte Lono nach.

„Na ja, war nichts Richtiges", murmelte Fritzchen nur knapp.

„Aber hat nicht unser Exfreund AliLöw mittlerweile tausende Mitarbeiter im Vertrieb aufgebaut und Millionen verdient?", bohrte Lono nach.

„Ja, aber der ist ja im Gegensatz zu mir auch Kaffeetrinker und es hat ihm Spaß gemacht."

„Na ja, aber wenn du damit reich werden kannst, ist es doch egal, was du machst – Hauptsache Leuros auf der Kante", fand Lono.

Den Nächsten, den Lono um Rat fragte, was er nun machen sollte, war Ratrace-Willi, ebenfalls seit 20 Jahren ein guter Freund vom Fußballplatz. Sie trafen sich am nächsten Tag um 21 Uhr in Willis Stammkneipe. „Was meinst du, Ratrace-Willi? Was kann ich besser machen?"

Ratrace-Willi meinte nur die Wirtschaft sei schlecht, aber deswegen keinesfalls in so einem Strukturvertrieb weitermachen, sondern rasch wieder eine fixe Anstellung suchen.

„Vielleicht nehmen sie dich bei Tiger & Meyer ja zurück oder sonst kann ich mal sehen, ob ich dich bei uns ins Bürgerbüro hineinbringen kann. Da hast du jedenfalls dreimal die Woche schon am späten Nachmittag frei und auch zwischendurch sehr viel Freiheiten."

Zum Thema Löwenfrauen allgemein meinte Ratrace-Willi nur: „Wenn sie spinnen, dann spinnen sie halt!" Er erzählte, dass er seit vier Wochen auch gerade mal wieder solo sei.

„Wir können Samstag ja wieder mal gemeinsam auf den Fußballplatz und uns nachher einen hinter die Binde kippen, oder?

– Übrigens, Stichwort: Lass uns doch mal wieder so unter alten Kumpels saufen gehen. Ich hab schon mal eine Flasche Lallentimes für uns bestellt."

Nach der Flasche Lallentimes, einigen Löwenbräu und danach einigen Safarimeistern, um den Magen wieder einzurenken, kam Lono nach Hause. Am LiPhone, das er zu Hause vergessen hatte, wurden insgesamt vier versäumte Anrufe von seiner künftigen Löwenexfrau angezeigt – oder wollte sie doch zu ihm zurückkommen? Einige Tage würde er sie wohl besser noch warten lassen, bevor er zurückrief. Sonst würde er bei Ratrace-Willi und Fritzchen nur wie ein Weichei aussehen und das wollte er doch keinesfalls.

Kimba

Kimba war mit seinen ersten Erfolgen als Trainer, Coach und Speaker mehr als zufrieden. Nun war auch endgültig die Zeit gekommen, Tiger & Meyer ade zu sagen. Als Erstes wollte es Kimba Prof. Dr. Löwenhardt erzählen, der für ihn damals bei Tiger & Meyer den Kontakt zum Personalchef hergestellt hatte.

13 Das hatte ich befürchtet! Versus: Jetzt erst recht!

Als Kimba die Katze aus dem Sack ließ, dass er sich selbstständig machen wolle, fragte ihn Dr. Löwenhardt, ob er noch ganz dicht sei: „So einen Job, Junge, bekommst du nie wieder. Überleg dir das gut, Kimba! Sorry, aber ich finde es völlig falsch, was du da machen willst. Einen absolut sicheren und guten Job verlassen, für etwas gänzlich Unsicheres auf Selbstständigenbasis, das geht doch nicht! Wer hat dir denn das eingeredet?"

Die Nächsten, die auf Kimba einredeten, waren seine Kumpels vom Tennisclub. „Wie? Selbstständig willst du dich machen? In Zeiten wie diesen? In der Krise? Oh Gott, Kimba – halb Leuropa ist pleite und du hast so einen sicheren Job, den du so einfach wegwerfen willst? Das kann nicht gut gehen, Kimba!"

Als dann abends auch noch die Mutter von Pantera und sein eigener Vater in ähnlicher Art und Weise auf ihn einredeten, war Kimba bereits mehr als traurig. Trotzdem ließ er sich nicht unterkriegen. Er wusste, manche der Betroffenen handelten und argumentierten aus Unwissenheit unvernünftig, aus dem Mund von anderen sprach der blanke Neid. Die Harmloseren waren der Gattung der Energiemosquitos zuzurechnen, welche in kleinen Gaben die Energie absaugten, die anderen der Gattung der Energievampire. Kimba beschloss, nur mehr Rat von Löwen einzuholen, die bereits dort standen, wo er hinwollte. Daher waren seine Vorbilder und Ratgeber jetzt unter anderem sein neuer Mentor und Löwen, die sowohl finanziell unabhängig waren, aber auch rundum glücklich schienen. Das verschlechterte die Erfolgsaussichten seiner Schwiegermutter und seiner Neider als Ratgeber stark. Sie standen nicht dort, wo Kimba stehen wollte, also ließ er sich in seinen Plänen nicht von ihnen beeinflussen.

Kimba war jedenfalls davon überzeugt, dass man alles im Leben im Rahmen der eigenen Motivstruktur, der eigenen Talente und Fähigkeiten erreichen konnte, wenn man nur fest an sich glaubte und permanent an der Zielerreichung arbeitete. Das wollte er tun und dafür hatte er sich entschieden, egal was andere hierzu dachten oder sagten. Letzteres war für ihn nebensächlich und würde ihn niemals von seiner Entscheidung abbringen. Er wusste, es war möglich, alles zu erreichen, wenn er bereit wäre, den Preis dafür zu zahlen. So, wie es gerade aussah, war ein Teil des Preises, den einen oder anderen falschen Freund hinter sich zu lassen und sich von diesen Energiesaugern zu distanzieren.

„Ich werde mir meinen Traum von euch nicht stehlen lassen!", sagte Kimba entschlossen in Anlehnung an einen Kinolöwenfilm, den er mal vor Jahren gesehen hatte.

14
Verwandte und Freunde kann man sich nicht aussuchen! Versus: Wähle deine Peergroup!

Lono

An diesem Morgen war Lono aufgewacht und fragte sich: Wessen Rat werde ich jetzt wohl befolgen? Und werden mich meine alten Kumpels noch respektieren, wenn ich mein Ding durchziehe? Nein, ich bin mir sicher, die Jungs sind ja gute Freunde seit so vielen Jahren und alles in allem meinen die es echt gut mit mir.

Irgendwie fühlte sich Lono heute schrecklich und trotz des dritten Kaffees wollte er nicht in Schwung kommen. Heute steckte schon fast der Löffel in der Tasse, so stark war der Kaffee geworden und trotzdem schien das Koffein kaum zu wirken. Und doch wartete schon wieder Richie Rich auf ihn und wollte mit ihm telefonieren, um Kundentermine zu vereinbaren. Aber vielleicht war ja das doch nicht sein Ding.

Aber was war denn sein Ding? Das Computerwissen, das er sich bei Tiger & Meyer angeeignet hatte? BWL? Oder Geschichten schreiben, so wie früher? Tatsächlich hatte Lono seit Löwinas Auszug an seinen einsamen Abenden zu Hause begonnen einen Krimi zu schreiben. Aber Geld ließe sich damit bestimmt nicht verdienen… Also doch das Führen von Mitarbeitern? Irgendwie war er nach den gestrigen Gesprächen unsicher. Vielleicht hatten seine Freunde ja recht und er sollte doch zu Tiger & Meyer in seinen alten Job zurückkehren.

Lono wollte auf Nummer sicher gehen und seine Eltern fragen. Außerdem hatte er sich ohnedies schon ewig nicht bei ihnen gemeldet. Lono setzte sich in seinen Wagen und fuhr zu der ruhigen Waldsiedlung, wo seine Eltern ein Reihenhaus gekauft hatten. Er war froh dass sie sich das, als er von zu Hause ausgezogen war, endlich leisten konnten. Die Eltern hatten intensiv dafür gespart und jahrelang auf Urlaub und manches Vergnügen verzichtet, um ihren Traum wahr werden zu lassen, ein Eigenheim zu besitzen. Auch sonst waren es fleißige Leute. Sein Vater hatte als Elektriker in einem Fachbetrieb gearbeitet. Und er hatte sich dann im eigenen Haus die ganze Elektrik selbst gelegt. Auch sonst war er sehr geschickt und machte vom

Fliesenlegen bis zum Malern alles selbst. Seine Mutter hatte sich als Näherin ihr Leben lang alles vom Mund abgespart. Inzwischen konnten sie einmal im Jahr an der Ladria Urlaub machen. Ja, seine Eltern wussten, wie das Leben spielte und er würde sie um Rat fragen.

Lonos Mutter freute sich über seinen Besuch und begann gleich für Lono zu Kochen, so wie sie es immer tat, wenn er kam. Auch sein Vater freute sich sehr, ihn nach so langer Zeit wieder einmal zu sehen. „Wie geht es Löwina?", fragte der Vater.

Jetzt war es an der Zeit, die Wahrheit zu sagen und die Karten auf den Tisch zu legen: „Löwina ist vorübergehend ausgezogen, zu ihrer Mutter."

„Löwina war schon immer eine affektierte Antilope", fauchte Lonos Mutter.

„Sie wird schon ihre Gründe haben", wandte der Vater ein.

Bezüglich des Jobs war der Rat der Eltern allerdings einstimmig: Nur nicht ausschließlich auf Selbstständigkeit verlassen – frühestmöglich wieder eine fixe Anstellung!

Als Lono endlich wieder in seinem Auto saß und nach Hause fuhr, war er so frustriert wie schon lange nicht. Alle rieten ihm von seinen Plänen ab! Aber irgendwie wollte er es trotzdem versuchen, mit der Selbstständigkeit. Vielleicht hatten seine Löweneltern ja recht damit, dass er nicht für die Selbstständigkeit geboren war, aber versuchen wollte er es wenigstens, um sich später keinen Vorwurf zu machen.

Trotzdem war es ja irgendwie gut, dass er immer jemanden zum Reden hatte, seine Freunde und im Notfall auch seine Eltern, um Rat einzuholen. Sie sind ja doch viel älter und haben so viel Lebenserfahrung, dachte er sich.

Kimba

An diesem Morgen war Kimba aufgewacht und fragte sich: Wessen Rat werde ich jetzt wohl befolgen? Und werden mich meine alten Kumpels noch respektieren, wenn ich mein Ding durchziehe? Immer mehr fühlte er aus dem Bauch heraus, dass es nicht gut und nützlich war, auf Löwen zu hören, die nicht dort standen, wo er selbst einmal stehen wollte.

Aber dann fielen Kimba die Worte seines Mentors ein: „Du bist das Produkt der fünf Löwen, mit denen du dich am meisten umgibst. Schau dir an, wer in den letzten fünf Jahren am häufigsten um dich war und wahrscheinlich bist du heute der Durchschnitt dieser Löwen. Die Frage ist, wenn du weiterwachsen willst, mit welchen Löwen würdest du dich gerne umgeben und wie kannst du diese kennen lernen?"

Diese Frage beschäftigte ihn. Als Kimba am nächsten Tag nach dem Vormittagscoaching mit seinem Mentor zum Mittagessen ging, fragte er ganz unverblümt: „Du, sag doch mal ganz ehrlich, wie hast du es damals gemacht? Wie konntest du so schnell wachsen und hast dich dorthin entwickelt, wo du heute stehst?"

„Es war nicht so schwer", antwortete der. „Ich habe als Erstes beschlossen, meine Peergroup zu verändern. Man spricht von Peergroup als der Gruppe von Löwen, mit denen du dich die meiste Zeit umgibst, mit denen du dich also primär austauschst. Also die Löwen, die dich, ob du es willst oder nicht, unbewusst beeinflussen, weil wir alle mehr oder weniger einem Gruppenzwang unterliegen, ob wir es wahrhaben wollen oder nicht. Das bedeutet, auf den Punkt gebracht, meine Entscheidung war klar: Ich musste mich mit anderen Löwen umgeben. Natürlich habe ich mich nicht von einem Tag auf den andern von allen Löwen um mich herum getrennt. Das wäre Schwachsinn, außer ich hätte gemerkt, dass keiner darunter ist, der mir gut tut. Dann hätte ich wohl auch das getan – aber so war es ja nicht. Also in meinem Fall waren es anfänglich speziell zwei bis drei Leute, die immer nur negativ unterwegs waren, alles schlechtgeredet haben und mir pausenlos erzählt haben, dass meine Ziele ohnedies niemals zu erreichen wären und ich ein Versager sei."

„Und dann hast du diese Löwen einfach ausgewechselt?", fragte Kimba ganz erstaunt.

„Ja, schon. Ich habe den Kontakt abgebrochen und mir andere Löwen gesucht, die mich motivieren und inspirieren, mit denen man anregende und befruchtende Gespräche führen kann und mit denen ich bald an den ersten ehrgeizigen gemeinsamen Projekten arbeiten konnte."

„War das Lossagen von alten Freundschaften nicht hart für dich?", hakte Kimba nochmals nach.

„Es hat ganz kurz wehgetan", meinte sein Coach, „aber langfristig war es die einzige richtige Entscheidung, um mich weiterzuentwickeln und zu wachsen. Am Ende war ich sehr froh, mich von diesen Energieräubern getrennt zu haben."

„Okay, diese Lektion habe ich verstanden. Aber wie ging es dann weiter?", wollte Kimba nun wissen.

„Ich habe mich hingesetzt und mir überlegt, von welchen Löwen will und kann ich etwas lernen. Wen kenne ich, der dort steht, wo ich gerne in einigen Jahren stehen würde? Dann habe ich mir eine Liste gemacht und überlegt, wie ich mit diesen Löwen in Kontakt kommen könnte. Welchen Nutzen ich ihnen geben könnte. Manche von ihnen habe ich dann kennengelernt, indem ich mir ihre Bücher gekauft und sie angeschrieben habe, andere, indem ich ihre Seminare auf dem gesamten Löwenkontinent besucht habe, manchmal mit zwölf bis 24 Stunden Flug verbunden. Ich war deswegen in Lamerika, Lasien …, aber tatsächlich sind einige von ihnen meine Coaches und Mentoren geworden."

„Hört sich gut an", meinte Kimba. „Ich werde mir auch gleich so eine Liste machen."

„Sehr gut, nimm diese morgen mit und dann gebe ich dir die nächsten Ratschläge für den Aufbau deines Geschäftes", sagte sein Mentor, bevor sie sich voneinander verabschiedeten.

15
Die wichtigsten Regeln für Selfmademillionäre

Lono

Lono bekam von Richie Rich ein Buch geschenkt mit dem Titel „Verkaufen ohne Grenzen auf Basis der Leolinguistischen Suggestionstherapie – das Hardcoregeheimnis". Sofort als er abends nach Hause kam, begann Lono darin zu lesen, während er sich eine Zigarette anzündete. Wirklich zu dumm, dass er wieder mit dem Rauchen begonnen hatte. Aber irgendwie musste er den Stress ja abbauen! Und Stress hatte er genügend mit mehreren Jobs, immer zu wenig Geld und jetzt schlussendlich, als wären die beiden anderen Dinge nicht schon schlimm genug, auch noch allein gelassen von seiner Frau.

Schon in der Einleitung las Lono, dass jeder Reichtum der Welt mit gutem Verkaufen zu tun hatte. Wenn du den Leuten alles verkaufen kannst, unabhängig davon, ob sie es brauchen oder nicht, wirst du reich werden, las er gleich im Prolog. Überliste dich selbst und manipuliere andere, war ebenfalls eine Regel, der von Anfang an viel Zeit gewidmet wurde.

Schau den Leuten tief in die Augen – wer länger Augenkontakt hält, wird das Rennen machen und führt im Gespräch. Lerne beim Verkaufsabschluss den Mund zu halten, bis der „Verkaufsgegner" unterschrieben hat, denn das Verkaufsgespräch ist wie ein Krieg, den du gewinnen musst. Du bist der Krieger des Lichts. Darum sei hart in jeder Minute deines Lebens und besonders beim Verkaufen. Wer Schwächen zeigt, verliert. Diese und viele andere kluge Weisheiten wurden in diesem Buch gelehrt. Welche Erfahrung wohl in diesem schlauen Buch steckte, überlegte Lono.

Er lernte, man müsse dem Gesprächspartner einfach, wenn alles gesagt sei, das Bestellformular hinlegen und die Löwenschnauze halten. Wer als Erster spricht, hat verloren. Auch sonst gab es noch jede Menge schlaue Tipps für den Umgang mit Kunden.

Ja, wirklich das Buch und der Autor hatten recht. Lono war jetzt auch der Ansicht, dass er in der Vergangenheit immer zu weich zu sich und allen potentiellen Kunden gewesen ist. Er würde nun lernen, wie es richtig geht. Und Hypnose wäre wichtig, fand er in Kap. 3 heraus. Hypnotische Sprachmuster, hypnotische Verkaufsabschlüsse, alles was er mache, musste ab sofort hypnotisch sein, wenn er wirklich erfolgreich sein wollte. Eigentlich war es doch so verdammt einfach, erfolgreich zu sein. Warum ihm das nicht früher klar geworden war.

Tolles Buch, dachte sich Lono und goss sich einen doppelten Jungle Malt an seiner Hausbar ein, die ihresgleichen suchte. Jede durchschnittliche Hotelbar hätte ihn um die Auswahl in seiner Bar beneidet. Sehr schnell spülte er sein Getränk nach unten und goss sich gleich den nächsten ein. Dann setzte er sich mit dem Glas wieder mit dem neuen schlauen Buch seines neuen Gurus in seinen Lesestuhl. Er konnte gar nicht mehr aufhören, darin zu lesen.

Er lernte von Hartnäckigkeit, Kampf und Krieg im Geschäftsleben, von Härte, die so wichtig wäre beim Verkaufsabschluss, und dass es out sei, den Kunden zu überzeugen. „Anhauen, Umhauen und dann Abhauen", war offensichtlich wieder angesagt, wenn man erfolgreich werden wolle. Das bestätigte das, was er bei Lion Wunderwuzzi gelernt hatte. Warum das so sei, beschrieb der Autor in allen Details und konnte natürlich alles plausibel mit Beispielen untermauern. Der Weg zum Verkaufsguru führe über Härte ...

Während Lono sich überlegte, wie er zu allen anderen um sich herum härter sein könnte, besonders gegenüber den Kunden, um mehr zu verkaufen, beschloss er, diesen Abend nicht zu hart sich selbst gegenüber zu sein und gönnte sich noch mal kurz einen Jungle Malt. Es war ja erst der dritte heute Abend und schließlich geschah das ja auch nicht jeden Abend – aber jetzt, wo er so alleine war ...

Nachdem er ihn ausgetrunken hatte, fiel er langsam in seinem Lesesessel in den Schlaf. Das schlaue Buch fiel hinunter und er und träumte bereits von seiner Umwandlung zum hypnotischen Verkaufsguru.

Kimba

Kimba traf seinen Coach am nächsten Tag in dessen schönem Büro mit Blick über die Stadt. „Heute werde ich mit dir nochmals einige der wichtigsten Regeln für ein Leben in Wohlstand und Glück durchgehen, wenn du Selfmademillionär werden willst."

„Ja, darauf freue ich mich schon", sagte Kimba.

„Wunderbar", antwortete sein Mentor und Coach. „Also, Regel Nummer 1 hast du schon wunderbar begriffen: Du musst einen großen Traum haben und den darfst du dir niemals von irgendeinem anderen Löwen rauben lassen. Regel Nummer 2: Du musst deine Leidenschaft zu deiner Haupttätigkeit machen – das machst du ja gerade."

"Ja, das macht auch echt Spaß", sagte Kimba. "Ich denke dabei gar nicht so ans Geldverdienen, sondern das Geldverdienen ist auf einmal ein Nebenprodukt – und es funktioniert trotzdem."

"Der Punkt ist, Kimba, wenn du es schaffst, deine Lebensaufgabe auf Basis deiner natürlichen Fähigkeiten und Talente zu finden und diese auf dein Lebensdrehbuch abstimmst, dann fällt es dir leicht, Spitzenleistung zu erbringen, weil du dann im Flow arbeitest. Flow ist der Zustand, den Künstler empfinden, wenn sie ein Bild malen oder ein Musikstück komponieren. Flow ist, was ein Segler empfindet, wenn er hart am Wind segelt und dabei Glück verspürt oder ein Buchautor, der beim Schreiben die Zeit vergisst. Flow schafft Momentum."

"Was genau meinst du mit Momentum?", fragte Kimba nach.

"Momentum kannst du dir so vorstellen ... Hast du schon mal eine alte Dampflokomotive mit 1000 PS gesehen? Als Kind hast du möglicherweise mit einer kleinen Elektroeisenbahn gespielt, oder?"

"Ja, habe ich. Ich kann mir so eine große Dampflokomotive gut vorstellen", antwortete Kimba.

"Also, stell dir vor, so eine Dampflokomotive steht im Bahnhof und hat zwei große Keile zwischen den Rädern und den Schienen eingeklemmt, damit sie nicht wegrollen kann. Wenn niemand den Keil von dort wegnimmt, wird die Lokomotive nicht aus dem Bahnhof fahren können. Aber, stell dir vor, diese Lokomotive mit den 1000 PS ist voll in Fahrt und fährt auf freier Strecke! Tschtschtschtsch ... und der Dampf qualmt oben raus. Jetzt kann ein ganzer Baum quer zur Fahrbahn liegen, die Lokomotive in voller Fahrt wird sich dadurch nicht bremsen lassen, sondern diesen in voller Fahrt wegfegen. Genauso ist es, wenn wir Momentum haben. Es gibt dann kein Problem, egal wie groß, welches in der Lage ist, uns aufzuhalten. Aber wehe, wir verlieren den Flow und das Momentum. Dann ist jede Aktivität wieder mit viel Energieaufwand verbunden, um in Schwung zu kommen ... Wenn wir unsere Lebensaufgabe gefunden haben, unser Ding, unsere Leidenschaft, dann schafft das Flow. Und Flow schafft Momentum. So einfach ist das. Und in deinem Fall hast du es jetzt geschafft, deine Leidenschaft zu entdecken – den wichtigsten Punkt überhaupt zum Erfolg!"

„Danke, so gut und zugleich so einfach hat es mir noch nie jemand erklärt", stellte Kimba fest. „Ich verstehe nicht, warum es manchen Löwen so schwer fällt, erfolgreich zu sein und ihr Ding zu machen. Wahrscheinlich suchen es die meisten erst gar nicht und wollen gar nicht wissen, was ihre Mission ist, weil sie denken, sie könnten damit ohnedies nicht genügend Geld verdienen. Für mich ist es so einfach, seitdem ich meine Leidenschaft beim Coachen lebe. Ich helfe Löwen und dabei verfliegt die Zeit. Und ich lerne jeden Tag so viel Neues – es ist so wunderbar, wenn man sich dazu entschieden hat, niemals auszulernen. Außerdem, seit ich diesen Flow, von dem du gerade gesprochen hast, habe, diesen Fluss im Leben, spüre ich auch wie alles rundherum im Momentum passiert. Es ergeben sich auf einmal so viele Gelegenheiten, an die ich früher nie gedacht hätte. Ich treffe plötzlich überall die richtigen Leute, habe neue Freundschaften und seitdem ich beschlossen habe, meine Peergroup zu verändern, habe ich über dich auch alleine in den letzten paar Tagen so viele interessante Löwen kennengelernt. Übrigens danke auch nochmals für dein Angebot, in deiner Lions-VIP-Lounge sein zu dürfen. Wir, meine liebe Frau Pantera und ich, freuen uns schon, auf deine Lions-VIP-Party kommen zu dürfen!"

16
Hart arbeiten! Versus: Smart arbeiten!

Lono

Es war Mittwoch und Lono hatte ein Treffen mit Richie Rich vereinbart, der ihn zu Hause besuchte. Beinahe hätte er den Termin verschlafen, weil er nachts wieder bis 3 Uhr am Notebook gearbeitet hatte. Zum Glück hatte Richie Rich um 8 Uhr nochmals angerufen, um sich den 10 Uhr-Termin bestätigen zu lassen.

„Du musst aktiver sein", begann Richie Rich, „mehr Termine vereinbaren. Verkaufen ist ein Gesetz der Zahl!"

„Zum Erfolg gibt es keinen Lift, nur Stufen", fuhr Richie Rich fort. „Du musst einfach hart arbeiten – und wenn es nicht mehr geht, dann muss es halt! Vor den Erfolg hat der Liebe Gott den Schweiß gesetzt. Und jetzt lass uns gemeinsam telefonieren bis wir fünf neue Besuchstermine haben."

Lono hasste das Telefonieren, umso mehr, wenn ihm jemand dabei zuhörte. Und jetzt saß ausgerechnet dieser Richie Rich, der selbst so erfolgreich war, neben ihm und er sollte ihm beweisen, dass er telefonisch Termine vereinbaren könne. War ja lächerlich. Dass bisher kaum Termine zustande gekommen waren, hatte ja nichts mit ihm zu tun. Er konnte doch nichts dafür, dass die anderen auch arbeiten mussten und wenig Zeit hatten. Noch dazu heute telefonieren, wo er doch so müde war … Verdammt! Und dieser Richie Rich war noch dazu so hartnäckig.

Dann kam Lono der rettende Gedanke: „Zeig mir doch mal, wie du es machen würdest, am effizientesten zu telefonieren!"

„Gib mal deine Liste her, die du erarbeitet hast, Lono. Ich werde es dir zeigen", erklärte sich Richie Rich bereit.

Es stellte sich heraus, dass die Liste viel zu bescheiden ausgefallen war und nur acht statt 200 Kontakte enthielt, wie es eigentlich die Aufgabe gewesen war, sich auf die Telefoniertätigkeit vorzubereiten. Also erarbeiteten beide vorab aufgrund Lonos Li-Phonekontakte die Telefonliste und dann ging es, wenn auch mit fast zweistündiger Verspätung, mit voller Kraft los.

Richie Rich legte vor, dann musste Lono nachziehen. Am Anfang noch mehr oder weniger unsicher, wurde Lono von Telefonat zu Telefonat selbstbewusster und ließ sich immer weniger abwimmeln. Sein Ziel waren jetzt Termine, Termine, Termine, so wie Richie Rich es von ihm erwartete.

Das Ziel für heute war, nicht aufzuhören mit dem Telefonieren, bevor nicht mindestens fünf Termine für die nächsten drei Tage vereinbart wären.

Circa 55 Gespräche später und nach unzähligen Absagen, hatte Lono es endlich geschafft. Draußen war es bereits dunkel. Mit einer Quote von 1:11 war Lono, wie Richie Rich sagte, angeblich gar nicht so schlecht, auch wenn das Ziel 1:6 war. – Aber ganz egal, welche Quote einer hat, Verkaufen sei ja nur ein Gesetz der Zahl, hatte Richie Rich erklärt. Das beruhigte Lono wieder.

Lono fühlte sich richtig erledigt, als Richie Rich gegangen war. Er wollte eigentlich noch lesen und ließ sich auf die Couch fallen. Als er da so lag, stellte er fest, dass er jetzt für ein Buch definitiv zu müde war. Nach drei Minuten war Lono eingeschlafen.

Kimba

Es war Mittwoch und Kimba hatte heute wieder einen halben Coachingtag mit seinem Mentor vereinbart, der ihn in seiner neuen Firma besuchte. Nachdem sie gemeinsam im Steakhouse nebenan ein Gazellensteak gegessen hatten, gingen sie jetzt durch die Büros. Die neue Firma war noch relativ überschaubar, aber doch war es Kimba von Anfang an gelungen, so viel zu erwirtschaften, dass er sich zwei Teilzeitkräfte leisten konnte. Es war ihm wichtig, dass seine Firma von Anfang an nicht nur durch seine eigene Arbeitskraft am Leben gehalten wurde, sondern dass er Mitarbeiter hatte, die ihn unterstützten. Er wollte nicht tagaus, tagein nur selbst in der Firma arbeiten und der größte Engpass in seinem Betrieb sein. Nein, Mitarbeiter müssten seine Firma am Leben erhalten, wenn er einmal nicht selbst aktiv mitarbeiten könnte.

Daher beschäftigte er zusätzlich zu den zwei Teilzeitkräften noch einige freiberufliche Mitarbeiter auf Erfolgs- und Provisionsbasis.

„Weißt du, was mir auffällt?", fragte sein Coach, nachdem sie die Betriebsführung beziehungsweise den Rundgang beendet hatten. Die Tische deiner Mitarbeiter sind weitgehend sauber und aufgeräumt und einer las sogar Zeitung, doch bei dir geht der Schreibtisch unter vor lauter Unterlagen, die überall verstreut liegen. Hast du alles, was da liegt, schon gelesen?"

„Nein, natürlich nicht", erwiderte Kimba, „bei circa. 150 neuen Mails täglich, Fachzeitschriften und Sonstigem ist es de facto unmöglich, immer auf dem Laufenden und informiert zu sein."

„Das passiert nur, wenn man vergisst, einige Regeln zu beachten", meinte sein Mentor. „Mir ging es früher auch einmal so wie dir."

„Was hast du dagegen getan?", fragte Kimba.

„Erstens hab ich einen Kurs zur Steigerung der Leseeffizienz beim Trainerkollegen Zach Löwis besucht. Zweitens habe ich gelernt, effizient zu arbeiten."

„Und wie machst du das?", wollte Kimba neugierig wissen und stellte dabei eine Augenbraue auf.

„Zuerst greife ich jedes Schriftstück nur mehr einmal an, wenn es im Posteingang liegt und entscheide sofort und ohne Zögern, ob ich es gleich bearbeite, wegwerfe oder auf Termin lege. Danach greife ich es nicht mehr an, bis der Zeitpunkt kommt, für den ich es terminiert habe. Dann prüfe ich, was ich unbedingt selbst erledigen muss und delegiere den Rest. Als Nächstes schaffe ich fixe Abläufe und duplizierbare Systeme – sprich, eine Geldmaschine, damit mein Geld für mich arbeitet und nicht ich für mein Geld. Schlussendlich habe ich gelernt, dass ich von Anfang an eine Firma schaffen muss, in der ich entbehrlich bin. Ich arbeite in ihr, aber nicht rund um die Uhr. Smart arbeiten, statt hart arbeiten, das ist meine Devise."

„Hört sich alles sehr gut und logisch an", stellte Kimba fest. „Aber wie meinst du das mit der Geldmaschine und mit smart statt hart arbeiten?"

„Ganz einfach. Es beginnt mit einer Entscheidung", antwortete sein Mentor, der selbst viele Jahre erfolgreicher Unternehmer war, bevor er Trainer wurde. „Entweder du gründest beziehungsweise kaufst eine Firma, um das Geschäft lebenslang zu führen oder du tust es, um das Geschäft nach einiger Zeit wieder zu verkaufen. In beiden Fällen willst du nicht der Sklave deiner Firma sein, oder?"

„Stimmt!", antwortete Kimba kleinlaut.

„Aus diesem Grund musst du dich in deiner Firma ersetzbar machen, weil du der größte Engpass im Getriebe bist, wenn du es nicht schaffst, dass das Ding ohne dich läuft", erklärte sein Coach. „Du musst also Systeme schaffen, die mit und ohne dich funktionieren und musst dir Mitarbeiter aufbauen, die auch ohne dich deinen Laden am Laufen halten. Soweit klar?"

„Ja, ich glaube, ich habe es verstanden", antwortete Kimba. „Also, lass uns im Detail besprechen, wie wir mein Geschäft nach diesen Geschäftsregeln strukturieren könnten."

„Gerne", sagte sein Mentor lächelnd und klopfte Kimba dabei auf die Schulter. „Ich will dir ja als dein Coach auch einen Nutzen schaffen, der ein Vielfaches dessen für dich bringt, was du fürs Coaching bezahlst."

Gemeinsam gingen sie ins Besprechungszimmer. Kimba mit dem Notebook unterm Arm und einem Ordner, wo alle Strukturabläufe in Flussdiagrammen definiert waren.

17
Der Kampf ums Geld!
Versus: Die Geldmaschine!

Lono

Lono hatte bereits seit geraumer Zeit in seinen neuen Geschäften in der Finanzdienstleistung und mit Nahrungsergänzungsmitteln gearbeitet. Die Arbeit machte ihm zwar nicht sonderlich Spaß, aber die ersten Schecks waren schon da. Zwar waren sie nicht in der Höhe, die Lono eigentlich erwartet hatte, aber wenigstens reichte es für den Lebensunterhalt.

All seine Ziele, die er gehabt hatte, hat er, wie sein neuer Coach Richie Rich ihm geraten hat, auf eines reduziert. Sein aktuell einziges Ziel: Viel Geld verdienen in kurzer Zeit. Dazu wollte er sein neu erworbenes Seminarwissen einsetzen und sich weiterhin von Leuten wie Richie Rich coachen lassen.

Irgendwann würde eine Entscheidung fällig sein, ob er seine nächsten Jahre der Finanzdienstleistung mit Limbo Löwenzahn oder der Nahrungsergänzung von Richie Rich widmen würde, aber dafür war es jetzt noch zu früh. Die beiden Schecks waren annähernd gleich hoch und er konnte ja Netzwerkpartner, die sich noch nicht sicher waren, zur Vorsicht mal in beiden Netzwerken einschreiben, sodass sie sich später noch entscheiden könnten, was ihnen mehr Kohle einbrächte. So hatte er es ja schließlich auch getan.

Außerdem konnte er schon alleine deswegen noch keine Entscheidung treffen, weil er weder Richie Rich noch Limbo Löwenzahn enttäuschen wollte. Und es war ja auch für ihn noch nicht klar, was das Geschäft mit der höheren Zukunftschance war. Das Pensionssystem würde so wie in der Vergangenheit in Zukunft nicht funktionieren, das war klar. Schon deswegen war die Eigenvorsorge ein Zukunftsthema, und Finanzdienstleistung würde theoretisch auch in vielen Jahren noch ein Thema sein. Aber genauso wurden die Löwen immer älter und wollten auch gesund alt werden. Die Löwengeneration der Babyboomerlöwen würden jetzt, da sie lange fit bleiben wollten, auch die besten

Kunden und Trendsetter für Nahrungsergänzungsprodukte sein. Die Entscheidung, welcher Vertrieb der bessere wäre, schien ihm fast unmöglich. Beides klang sehr vielversprechend.

Jedenfalls, eines war klar, so wie ihn Richie Rich das gelehrt hatte: Er musste täglich fünf bis sieben Termine machen, denn Verkaufen war ein Gesetz der Zahl. Und es ging einfach darum, wer härter arbeitete, würde am Ende mehr haben. Also: Blut, Schweiß und Tränen waren jetzt gefragt, bevor sich der große Erfolg einstellen konnte. In einer Aufbauphase war es ganz normal, dass man arbeiten musste bis zum Umfallen, weil man sich Personal und Mitarbeiter für Administrationstätigkeiten erst leisten konnte, wenn man das erste große Geld verdient hat. Anfänglich machte man das alles besser selbst.

Zusätzlich gab es natürlich jedes zweite Wochenende, an den Wochenenden der geraden Kalenderwochen, ein Seminar für das Netzwerkunternehmen von Limbo Löwenzahn im Bereich der Finanzdienstleistungsprodukte und an den Wochenenden der ungeraden Kalenderwochen ein Seminar von der zweiten Firma mit Richie Rich. Eine Zeit lang, so mindestens ein bis zwei Jahre, wollte er parallel für beide Netzwerke arbeiten, bevor er sich für eines entscheiden würde, dachte Lono bei sich. Man musste eben hart arbeiten. Ohne Fleiß kein Preis, hatte schon sein Vater immer gesagt. Und seine Eltern hatten ja auch meistens noch einen Zweitjob, um über die Runden zu kommen. Also, warum sollte nicht auch er in zwei Jobs arbeiten, wenn es anders offensichtlich nicht ging?

Kimba

Kimba hatte bereits seit geraumer Zeit in seinem Geschäft als Coach gearbeitet und die Arbeit machte ihm Spaß. Die Organisationsabläufe in seiner Firma waren alle gut definiert und sein Unternehmen war so strukturiert, dass Kimba es sich leisten konnte, nicht andauernd nur *in* seiner Firma zu sein, sondern auch *an* seiner Firma zu arbeiten.

Diesen Monat hatten Kimba und sein Coach es sich zum Ziel gesetzt, die Positionierung des Unternehmens noch besser herauszuarbeiten und Alleinstellungsmerkmale zu finden.

Zwischen den Coachingterminen hatte Kimba einige Hausaufgaben zu lösen, die ihm von seinem Mentor mitgegeben wurden. So lautete zum Beispiel eine der Aufgaben, schriftlich zu definieren, wie die ideale Firma von Kimba in fünf Jahren aussehen sollte:

- Wie stellt er sich den idealen Kunden vor?
- Wie sieht der ideale Tagesablauf in fünf Jahren aus?
- Mit welchen Löwen will er zusammenarbeiten und wo will er arbeiten?

„Was ist deine Wunschzielgruppe unter deinen Kunden? Welche Art von Kunden willst du vorrangig bedienen? Sag es mir!", war eine der immer wieder hartnäckig gestellten Fragen seines Mentors – und es gab immer neue Fragebögen, um das herauszufinden. Zuletzt hatte Kimbas Coach ihm eine ganze Mappe mit Checklisten überlassen, die dieser durcharbeiten musste.

Eines war Kimba klar: Er und seine Firma mussten einen einzigartigen USP finden, ein Alleinstellungsmerkmal. Das sagte sein Mentor immer. Aber was war denn eigentlich so ein USP?

Kimba nahm sich das Buch seines Coachs und blätterte zum Kapitel über USP. Ah, hier stand es: USP = Unique selling proposition. Alleinstellungsmerkmal und Einzigartigkeit. Dann fand Kimba eine Reihe von Beispielen ...

- Einzigartigkeit des Produktes bzw. der Dienstleistungen (Beispiel Groupon)
- Andersartigkeit durch Prestigeanspruch (Beispiel Louis Vuitton)
- Andersartigkeit in der Verpackung oder der Darreichungsform (Beispiel Nespresso)
- Andersartigkeit der Wahrnehmung nach außen (Beispiel Starbucks)
- Andersartigkeit in der Wirkung oder vermeintlichen Wirkung (Beispiel Red Bull)
- Verknüpfung oder Vermischung von zwei bereits bekannten erfolgreichen Methoden oder Produkten zu einem neuen Produkt (Beispiel Apple – iPhone)

Die große Kunst sei es, den USP so herunterzubrechen, las Kimba, dass man diesen im Rahmen eines Elevator pitches erklären könne. Elevator pitch? Was meinte der Autor damit genau?

Kimba las weiter: Elevator pitch ist ein Synonym für etwas, was maximal 30 s Zeit hat, gesagt zu werden. Der Elevator Pitch bedeutet Aufzugspräsentation und ist ein kurzer, informativer und prägnanter Überblick einer Idee für eine Dienstleistung oder ein Produkt. Die Bezeichnung stammt daher, dass der Pitch in der kurzen Zeit einer Fahrstuhlfahrt durchgeführt werden kann.

„Stellen Sie sich vor, Sie steigen mit einem Ihrer wichtigsten potentiellen Geschäftspartner, den Sie seit Jahren bereits persönlich kennenlernen wollen, in einem mittelgroßen Hochhaus in einen Lift ein. Sie haben maximal 30 s Zeit, um diese Person im Rahmen eines Elevator pitches mit Ihrem USP anzusprechen und müssen sich in dieser Zeit so spannend präsentieren, dass die andere Person ihre Visitenkarte zückt oder sogar nach Ihrer fragt", las Kimba.

Cool, dachte Kimba bei sich. Was werden wohl mein USP und mein Elevator pitch sein?

18
Zwei Wege zum Happy End

Lono

Lono arbeitete hart und sein Einkommen stieg leicht, aber stetig an. Gleichzeitig fühlte er sich jedoch irgendwie zunehmend überfordert und wusste, jetzt muss er dringend eine Entscheidung fällen.

Aber es fiel ihm sehr schwer. Eigentlich liebte er weder den Finanzdienstleistungsvertrieb, der in den letzten Monaten aus seiner Sicht immer schwieriger wurde, noch die Nahrungsergänzungsmittelindustrie. Er wusste, dass beides irgendwie wichtig war. Aber es interessierte ihn keiner der Bereiche so richtig. Auch mit dem Geldverdienen klappte es nicht so, wie er es sich vorgestellt hatte. Vielleicht war ja Geld doch nicht das Wichtigste, sondern nur eine schöne Folgeerscheinung, wenn man eine Lebensaufgabe gefunden hat, in die man gerne sein ganzes Herzblut steckte. Was könnte seine Lebensaufgabe im Einklang mit seinen Talenten sein?

Das, was ihn wirklich seit einiger Zeit interessierte, war das Schreiben von Romanen. Er hatte damit begonnen, als Löwina ausgezogen war – und zwar mit Kriminalromanen, alle kombiniert mit einem Schuss Humor. Eigentlich hatte er ja damals in der Schulzeit schon sehr gut geschrieben und auch einen Schreibwettbewerb mit einer Kurzgeschichte für eine Jugendzeitung gewonnen. Leider hatte er dann dieses Thema komplett aus den Augen verloren. Mit Ausnahme eines Tagebuches schrieb er jahrelang nichts mehr, weil er immer der Meinung war, davon würde er nie leben können.

Aber jetzt hatte er sich so spaßeshalber bei einer Illustrierten als Kolumnenschreiber beworben, um über seine letzten Reiseerlebnisse zu berichten. Damals noch mit Löwina … Jetzt wartete er täglich auf die Antwortpost. Tag für Tag ging er zum Briefkasten. Auch heute wieder, aber wieder einmal vergeblich. Weder etwas vom Verlag, noch von Löwina.

Plötzlich läutete das LiPhone.

„Hallo?"

„Ja, hallo, spreche ich mit Lono?"

„Ja, am Apparat."

„Mein Name ist Max Schlaufuchs, vom Spring-Verlag. – Ihre eingereichten Musterartikel gefallen uns. Wollen Sie für drei Monate probeweise unsere Kolumne bedienen? Wenn die Kunden zufrieden sind, könnten Sie dauerhaft für uns schreiben!"

Lono war kurz sprachlos. Bevor er noch antworten konnte, fuhr Schlaufuchs fort: „Ach ja, und machen Sie sich keine Sorge wegen der Bezahlung. Es ist per Lion-Mail ein Angebot an Sie unterwegs, das Sie nicht ablehnen können."

Als Lono aufgelegt hatte, war er noch immer sprachlos. Sollte es in seinem Leben jetzt vielleicht doch wieder einen Aufwärtstrend geben? Aber da war ja noch diese Sache mit Löwina, die sich seit Monaten nicht mehr gemeldet hatte. Wie konnte sie ihm das antun? Oder war es vielleicht doch so, wie er kürzlich in einem Buch gelesen hatte, dass wir die ganze Verantwortung für all unsere Lebensbereiche selbst übernehmen müssten und dann würde sich unser Leben raketenartig neu entwickeln?

„Unsere Entscheidungen von gestern sind unser Leben von heute", wiederholte er den Satz, der ihm in Erinnerung geblieben war, „und unsere Entscheidungen von heute ... unser Leben von morgen."

Lono griff zum Hörer und wählte Löwinas Nummer. Als Löwina abhob, sagte Lono nur: „Löwina, bitte stell jetzt keine Fragen. Ich würde dich gerne in zwei Stunden abholen kommen und mit dir zu unserem Lieblingsitaliener fahren ... Es wäre wunderschön, wenn du wieder bei mir wärst! Ich hatte viel Zeit nachzudenken."

Löwina schluchzte ins Telefon: „Ich liebe dich, Lono ... danke ... ich warte auf dich!"

Kimba

Als Life-Balance-Lion wurde Kimba immer bekannter in der Trainer- und Speakerszene und seine Seminare, die anfänglich zehn bis 20 Besucher hatten, füllten sich nun auf bis zu mehrere hundert Teilnehmer.

Nachdem er mit seiner eigenen Coachingausbildung fertig war, beschloss er selbst Lizenznehmer zu werden und bekam im Gegenzug von seinem Mentor jede Menge Arbeit. Alle Lizenznehmer arbeiteten wie in einer mittelalterlichen Dorfgemeinschaft zusammen, wo sich die Handwerker auch gegenseitig weiterempfohlen und geholfen hatten, ihr Geschäft auszuweiten.

Kimba begann nun auch Bücher zu schreiben und seine Bücher selbst auf CD zu sprechen, um Hörbücher zu produzieren. Er hatte mit Weblion einen bekannten erfolgreichen jungen Webspezialisten in sein Team aufgenommen, der ihm eine eigene Internetabteilung zur Vermarktung aufbauen würde. Auch seine Vorträge waren immer besser besucht. Kimba war mittlerweile einer der bestgebuchten Sprecher des Löwenlandes, auch für Firmenveranstaltungen, da sein Thema eines war, das viele Löwen bewegte.

Ohne dass er darauf einen Schwerpunkt gesetzt hätte, hatten sich seine Einnahmen im letzten Jahr vervielfacht und sein Buchungssatz als Speaker hatte sich seit Beginn seiner neuen Karriere binnen weniger Monate deutlich erhöht. Aber da war noch immer einiges an Steigerung möglich, wie er von seinem Mentor wusste.

Pantera hatte sich zwischenzeitlich einen Internetshop für Secondhanddesignerkleidung aufgebaut, womit sie bereits nach acht Monaten beträchtliches, nahezu komplett passives Einkommen erzielte. Mit seinem Coach Löwisar arbeitete sie gerade ein Konzept aus, wie man mit einem Franchisingsystem dieses Einkommen noch vervielfachen könnte.

Nebenbei machte sie eine Coachingausbildung in der Akademie, da auch sie dieses Thema immer mehr für sich entdeckt hatte. Auch in ihr wurde der Wunsch, anderen Löwen als Sparringspartner und Coach zu helfen immer stärker.

Und auch gemeinsam gab es noch neue Träume für Pantera und Kimba. Sie waren mit ihren aktuellen Geschäften räumlich sehr flexibel.

„Was hältst du denn davon, mein Schatz, wenn wir den Winter in einer Gegend verbringen, wo es für uns Löwen viel angenehmer ist als hier?", fragte Pantera eines Tages.

„Schatz, es ist, als wenn du meine Wünsche und Träume lesen könntest", antwortete Kimba.

„Na ja, wir kennen uns ja auch schon einige Jahre", antwortete Pantera mit einem Lächeln und zeigte Kimba zwei Flugtickets und etliche Fotos von schönen Löwenvillen direkt am Meer. „Nächste Woche kommen meine Löweneltern aus Kenya, die auf die Kinder aufpassen, mein Schatz, und wir können einen Kurzurlaub machen und für uns und unsere lieben Löwenkinder einen schönen Platz am Meer zum Leben suchen."

Trotz allem Engagement blieb Kimba und Pantera noch ausreichend Zeit, als Familie aktiv zu sein, schöne Wochenenden und Abende gemeinsam mit den Kindern zu genießen und sogar ihre Hobbys behielten einen festen Platz in ihrem Alltag.

Neu in der Reihe Löwen-Liga

Peter H. Buchenau, Zach Davis
Die Löwen-Liga
Tierisch leicht zu mehr
Produktivität und weniger Stress
2013. X, 148 S. 52 Abb. Brosch.
€ (D) 14,99 | € (A) 15,41 | *sFr 19,00
ISBN 978-3-658-00946-5

Peter H. Buchenau, Zach Davis,
Sebastian Quirmbach
Die Löwen-Liga:
Wirkungsvoll führen
2015. Ca 150 S. Brosch.
€ (D)17,99 | € (A) 18,49 | *sFr 22,50
ISBN 978-3-658-05286-7

Peter H. Buchenau, Zach Davis, Martin Sänger
Die Löwen-Liga:
Verkaufen will gelernt sein
2015. Ca 150 S. Brosch.
€ (D)17,99 | € (A) 18,49 | *sFr 22,50
ISBN 978-3-658-05288-1

Peter H. Buchenau, Zach Davis, Paul Misar
Die Löwen-Liga:
Der Weg in die Selbstständigkeit
2015. Ca 150 S. Brosch.
€ (D)17,99 | € (A) 18,49 | *sFr 22,50
ISBN 978-3-658-05419-9

€ (D) sind gebundene Ladenpreise in Deutschland und enthalten 7% MwSt. € (A) sind gebundene Ladenpreise in Österreich und enthalten 10% MwSt.
Die mit * gekennzeichneten Preise sind unverbindliche Preisempfehlungen und enthalten die landesübliche MwSt. Preisänderungen und Irrtümer vorbehalten.

Jetzt bestellen: springer-gabler.de

Springer Gabler

springer-gabler.de

Neu in der Reihe Chefsache...

Peter H. Buchenau (Hrsg.)
Chefsache Prävention I
Wie Prävention zum unternehmerischen
Erfolgsfaktor wird
2014, XIV, 325 S. 48 Abb. Brosch.
€ (D) 29,99 | € (A) 30,83 | *sFr 37,50
ISBN 978-3-658-03611-9

Peter H. Buchenau (Hrsg.)
Chefsache Prävention I
Wie Prävention zum unternehmerischen
Erfolgsfaktor wird
2014, XIV, 325 S. 48 Abb. Brosch.
€ (D) 29,99 | € (A) 30,83 | *sFr 37,50
ISBN 978-3-658-03611-9

Peter H. Buchenau (Hrsg.)
Chefsache Prävention I
Wie Prävention zum unternehmerischen
Erfolgsfaktor wird
2014, XIV, 325 S. 48 Abb. Brosch.
€ (D) 29,99 | € (A) 30,83 | *sFr 37,50
ISBN 978-3-658-03611-9

Peter H. Buchenau (Hrsg.)
Chefsache Prävention I
Wie Prävention zum unternehmerischen
Erfolgsfaktor wird
2014, XIV, 325 S. 48 Abb. Brosch.
€ (D) 29,99 | € (A) 30,83 | *sFr 37,50
ISBN 978-3-658-03611-9

€ (D) sind gebundene Ladenpreise in Deutschland und enthalten 7% MwSt. € (A) sind gebundene Ladenpreise in Österreich und enthalten 10% MwSt.
Die mit * gekennzeichneten Preise sind unverbindliche Preisempfehlungen und enthalten die landesübliche MwSt. Preisänderungen und Irrtümer vorbehalten.

Jetzt bestellen: springer-gabler.de

MIX
Papier aus verantwortungsvollen Quellen
Paper from responsible sources
FSC® C105338

If you have any concerns about our products,
you can contact us on
ProductSafety@springernature.com

In case Publisher is established outside the EU,
the EU authorized representative is:
**Springer Nature Customer Service Center GmbH
Europaplatz 3, 69115 Heidelberg, Germany**

Printed by Libri Plureos GmbH
in Hamburg, Germany